宇宙で最初の星はどうやって生まれたのか

吉田直紀

宝島社新書

はじめに

私たちはどうして存在するのか？

私は、東京大学数物連携宇宙研究機構（ＩＰＭＵ）というところに所属しています。ここは、世界中の数学者と物理学者が協力して、宇宙の基本的な謎を解明していこうという研究機関です。その、宇宙の基本的な謎とは、次の５つになります。

①宇宙は何でできているのか？
②宇宙はどうやって始まったのか？
③宇宙の行き着く先は？
④宇宙はどんな法則に支配されているのか？
⑤そもそも我々はなぜ存在するのか？

このうちの５番目、「そもそも我々はなぜ存在するのか？」という謎に関連して、私は宇宙で最初の星＝ファーストスターがどのように誕生したのかを研究してきました。なぜ、宇宙で最初の星の研究をすることが、私たちの存在と関係してくるのか?

元素レベルで考えると、人間の体には、酸素や炭素、窒素などが多く含まれます。ところが、宇宙が誕生したとき存在した元素は水素とヘリウムだけでした。では、いつ、どうやって私たちを形作っている元素ができたのかというと、そこに星の誕生が深く関わっているのです。

遠い昔の星の誕生から私たちの生命の誕生までは、宇宙の歴史の中で確実に繋がっているのです。

宇宙の「暗黒時代」に誕生した最初の星

宇宙の歴史は137億年程度だといわれています。そのなかで、最初の星が誕生したのは宇宙が始まってから、1億年ぐらい経ったときのことです。

昔の宇宙のことを知るためには、遠くの星の観察をしなければなりません。なぜ、遠くの星を観察すると昔のことがわかるのかと疑問に思う人もいるでしょう。それには、光の速度というものが関係しています。

光はとても速いものですが、それでも速度は有限です。ですから、私たちが夜空に見ている星の光は、いまこの瞬間の光ではなく、長い時間をかけて地球に到達した光、つまり昔の光なのです。実は太陽にも同じことが言えます。太陽から発せられた光が地球に届くには8分ほどかかります。ですから、私たちが見ている太陽は、8分前の太陽なのです。

そして、そうやって遠くから届いた星の光を分析研究することで、その時代の星の状態や宇宙の過去がわかるようになるのです。

最新の宇宙観測では132億光年ほど先の星を観測することに成功しました。つまり、132億年前の星や宇宙の状態がわかるようになったということです。ですが、まだそれより昔のことはわからない。そのため、この時代は「宇宙の暗黒時代」と呼ばれており、そのころ誕生した宇宙で最初の星のことは、謎として残っています。そこで私は、コンピュータ・シミュレーションにより、ファーストスターの研究を進めました。そのことについては、この本の中で詳しく紹介します。

日進月歩の宇宙の研究

ところで、つい最近まで、遠くの星の観測限界は120億光年ほどでした。それが、ハッブル宇宙望遠鏡など観測機械の発達により、132億光年先の星のことまでわかるようになったのです。だから、「宇宙の暗黒時代」はどんどん短くなっています。

これは、100メートル走の記録がオリンピックのたびに短縮されていることに似ているといえるかもしれません。１００メートル走のランナーが、世界記録を０・１秒でも短縮することに懸命なのと同じように、多くの天文学者は1光年でも遠い星を見つけようとしています。

もしかしたら、数年後には、コンピュータ・シミュレーションなどではなく、実際に最初の星が誕生する瞬間の光を観察することができるようになるかもしれません。遠くの星を観察できるようになることだけが天文学の発展とは限りませんが、少なくとも現時点では、宇宙の研究は日進月歩で進んでいます。

それでは、その最新の宇宙研究の成果と、最初の星がどのように誕生したのかについて、皆さんにご紹介していきましょう。

目次

第5章　ファーストスターのその次へ　127

第6章　宇宙に関する疑問に答える　151

宇宙で最初の星はどうやって生まれたのか

第1章　宇宙137億年の歴史をひもとく

「宇宙が始まる前」はどうなっていたのか?

私たちが暮らしているこの宇宙は、現在の研究では、137億年前にビッグバンという出来事によって誕生したと考えられています。

では、そのビッグバンの前は、どうなっていたのでしょうか?

それについては、二つの考え方があります。

ひとつは、宇宙が始まる前、ビッグバンが起こる前には、何もなかったというものです。何もないというのは、空間もなければ、時間もなかったということで、そういう意味では、本当は「始まる前」という言い方そのものがおかしくなります。つまり「無」から「有」が生まれたということです。私たちの実感レベルで、空間も時間もない状態というのは想像しづらいですし、何もないところから何かが生まれるというのは理解しづらいですが、宇宙というのは時間も空間も含めた全てのことであり、それらを含めて丸ごと誕生したのだと考えればよいのかもしれません。

別の考え方もあります。それは、ビッグバンの〝前〟というものが存在しているという考え方です。この、「前がある」派の学説は大まかにわけて、さらに2つあります。

まずは、宇宙はビッグバンと終わりを繰り返しているという説。これを、もう少し詳しく説明すると、ビッグバンの発生以後、宇宙は膨張していきますが、それがある時点で収縮に転じて、再びビッグバンを起こすという考え方です。のちほど紹介しますが、現在の宇宙は謎の「暗黒エネルギー」に満たされていて、宇宙の膨張は永遠に続くと考えられているので、やがて収縮に転じてビッグバンの頃に戻ることはなさそうです。

「前がある」派のもうひとつの説は、どこかに親宇宙というものが存在しており、それが次々と子宇宙を生み出し、そのなかのひとつが、現在、私たちが暮らしている宇宙だというものです。

これらの説はいずれも興味をひかれますが、ニワトリが先か卵が先かの話と同じように、「繰り返している説」のほうは、最初のビッグバンの前はどうなっていたのかということの説明がつきませんし、「親宇宙説」のほうは、どうやって親宇宙が誕生したかの説明がつきません。

やはり宇宙がビッグバンでまるごと誕生したと考えるほうが自然なのかもしれません。

ちなみに、宇宙が「ビッグバン→膨張→収縮→ビッグバン」という循環を繰り返しているのだという考え方は、輪廻転生といった考え方に馴染みの深い東洋人が唱えそうなものですが、面白いことに、実際には欧米の学者たちのほうに、この循環理論を主張している人が多いようです。

「無」から「有」が生まれたという考え方が、西洋の人――とくにキリスト教やユダヤ教の人にとっては、神が世界を創ったという思想と折り合わないのかもしれません。

さて、何もないところから宇宙が生まれたという理論を裏づけているのは、20世紀になって発展した量子力学という学問です。量子力学というのは、原子や電子といったとても小さなものの動きを研究する学問ですが、この学問では、ものすごく単純に言ってしまえば、すべてのことは確率によって起こるとしています。

だから、量子力学において「何も無い」というのは、「何かがあるという確率が平均でゼロ」という意味でしかなく、その確率が少しだけ高いところもあれば、変な話ですけれども、その確率がマイナスであるところもあるというように考えます。

そういうふうに、「ある確率がゆらゆらしているような状態」がビッグバンの前にあって、それがあるときグラッと「揺れて」、たまたま宇宙がポンと実現されることになった。これが、宇宙創成の基本的な考え方です。

ちなみに、量子力学では、あらゆることは確率でしかありませんから、いろんな可能性を考えることもできて、私たちが暮らしているこの宇宙の他にも、生まれなかった宇宙が

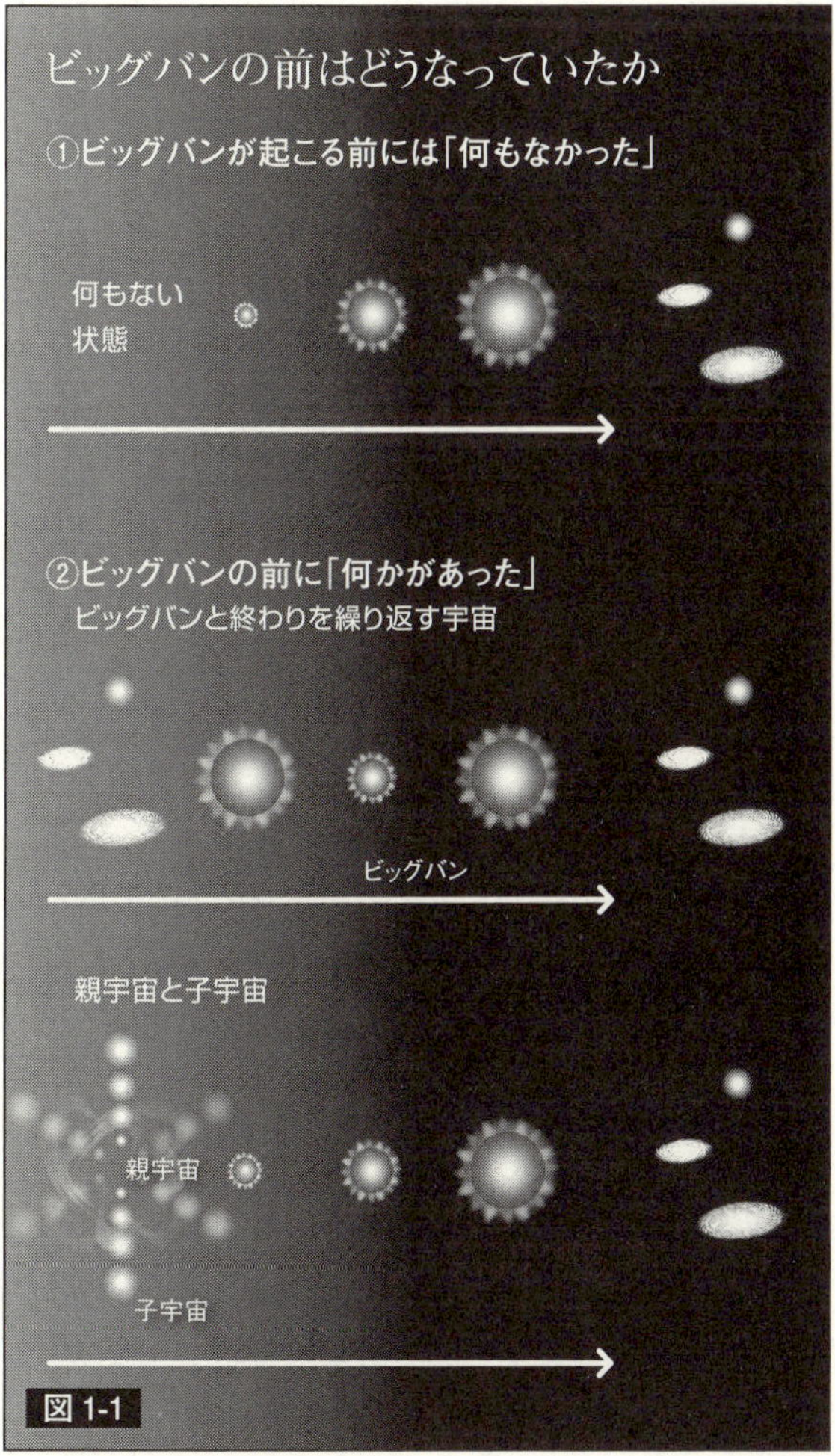

ビッグバンの前はどうなっていたか
①ビッグバンが起こる前には「何もなかった」
何もない
状態
②ビッグバンの前に「何かがあった」
ビッグバンと終わりを繰り返す宇宙
ビッグバン
親宇宙と子宇宙
親宇宙
子宇宙

図 1-1

たくさんあるのかもしれません。

量子力学の世界というのは、人の生活実感からすると不思議な世界で、私たち物理学者もその本質を本当に理解しているのかというと、それは悩ましいところです。ただ、原子や電子の動きは量子力学の理論でしか説明できませんし、私自身も、完全に理解したというよりは、10回も20回も聞いているうちにだんだん慣れてきて受け入れられるようになってきたというのが正直なところです。

ですから、みなさんも「そんなものかな」と受け入れていただければ幸いです。

宇宙は一瞬で「無限大」になった

「そんなものかな」と受け入れてもらったところで――。

137億年前、何もなかったところが「揺らいで」、突然、宇宙が誕生しました。宇宙が誕生すると、その瞬間から膨大な量のエネルギーが発生していって、宇宙は急激に膨張します。

じつは、宇宙の膨張は現在も続いていて、いまこの瞬間も宇宙は広がり続けているのですが、宇宙は誕生直後に急激に膨張しました。直後というのは、10のマイナス36乗秒後から、つまり、一秒の一兆分の1の一兆分の1、そのまた一兆分の1の後のことです。想像してもあまり意味のないくらい短い間の出来事です。このときの急膨張をとくに「インフレーション」といいます。

ところで、宇宙が膨張していくということは、段々と大きくなっていくということですから、宇宙のサイズというものが存在すると考える人もいるかもしれません。

ですが、宇宙にサイズがあるとすると、それは有限ということですから、宇宙の向こう側というものを考えなければならなくなってしまいます。それは現在の学問上では、とても困ったことなのです。そこで、とりあえず私たちは、宇宙は生まれた直後——先ほど説明した「インフレーション」の時期——に事実上無限大に膨張したと考えることにしています。つまり、0から∞に一瞬でなったということです。

もっとも、これはあまりに都合のいい説明です。

正直に言えば、このことについては学者たちもわかっていないのです。物理学者はなんでもかんでもわかっているわけではありません。一般の人が不思議に思うことは、学者にとっても不思議なのです。ですから、大きさという問題は、宇宙についての大きな謎のひとつといえるでしょう。

宇宙の大きな謎に関してもうひとつ。皆さんは、「エネルギー保存の法則」というものを、ご存知でしょうか?

これは、「エネルギーはその現れ方は変わっても、総量自体に変化はない」という物理法則です。

例えば、火を起こして水を沸かすとします。火のエネルギーは、水を温めるためにどんどん失われていきますが、そのぶん、水の温度が上がるので、世界に存在するエネルギーの総量は変わりません。

この法則は、物理学のもっとも基本的な法則です。

しかし、宇宙が誕生してインフレーションが起こったときには、何もない状態から、次から次へとエネルギーが発生し、宇宙を急膨張させるという現象が起きます。これは、どう考えても、「エネルギー保存の法則」に反しているように思えます。

別に異次元からエネルギーが流れ込んで来ているわけではないですし、ひと昔前は、真空のエネルギーなどという説明をしていましたが、やはりこれも、よくわからないというのが正確なところです。そのため、このエネルギーは、特別に「インフラトン」とも呼ばれたり、また、現在の宇宙を膨張させているものは「暗黒エネルギー」と呼ばれたりしています。

とりあえず、宇宙誕生から10のマイナス34乗秒後にインフレーションは収まり、宇宙に存在するエネルギーの総量は確定しました。それ以降は、「エネルギー保存の法則」に支配されることになります。ですが、急膨張を起こした最初の瞬間のエネルギーに関しては、宇宙の大きな謎のひとつとなっています。

インフレーションが起きたあと、10のマイナス27乗秒後までに宇宙を膨張させたエネルギーから、物質のもととなる様々な素粒子が爆発的に誕生したと考えられています。電子やクォークなどもそのひとつですし、いま話題となっている「ダークマター」なども、このとき誕生しています（「ダークマター」については、別の章で詳しく紹介します）。

そうやって宇宙を満たした素粒子が激しく動いて、宇宙は灼熱状態となります。その温度は、10の23乗度C（数兆度C）という、太陽の内部温度（10の7乗度C）の何倍もの凄まじい高温だったと考えられています。これが、いわゆる「ビッグバン」で、この「膨張する超高温の初期宇宙」のことを、一般的にビッグバン宇宙といいます。急激に膨張していくさまが、大きな爆発のようですから、ビッグバンというわけです。

もっとも、宇宙が誕生した瞬間からビッグバンが始まっているのか、それともインフレーションが起きてからをビッグバンが始まったというのかは、厳密には定義の難しい問題です。

いちおう現在の学説に則って言えば、インフレーションというのがあったおかげで宇宙が熱くなり、それを初期条件としてビッグバンが起きたという説明が一番正確かもしれません。

ただ、実感レベルの時間としては、どちらも一瞬のことですので、宇宙誕生からインフレーションとビッグバンは同時に起きた――ようするに、ほぼ同じことだと考えても大きな間違いではないでしょう。

「宇宙が爆発から始まった」という、このビッグバン理論は、20世紀前半から少数の学者によって唱えられていましたが、理論を発展させたのは1904年にロシアに生まれたジョージ・ガモフという物理学者です。

現在では広く受け入れられているビッグバン理論も、20世紀中盤までは学界でも「宇宙に始まりがあった」という考え方自体に抵抗があったせいで、受け入れられませんでした。ビッグバンという呼び方自体も、じつは「宇宙が爆発で出来たという大ぼら」という揶揄の意味が込められているのです。

どの程度、ビッグバン理論が当時の人々に突飛なものとして受け取られたのかということは、あのアインシュタインでさえ、「宇宙には始まりもなければ、終わりもない」と考えていたことからもわかります。

しかし、その後、研究が進み、宇宙から来る光を観察した結果、どうやらこの理論が正しいようだということになったのです。

物質と反物質が打ち消しあって、宇宙は明るくなった

誕生から10のマイナス5乗秒後に、宇宙に大きな変化が起きます。

このころ、宇宙の温度は1兆度Cほどに下がっています。温度が下がるのは、宇宙が膨張し続けたことで空間が広がったからです。

次から次へとエネルギーが湧き出てくるインフレーションが収まったあとは、宇宙にあるエネルギーの総量は一定となりますが、空間自体は依然、膨張を続けており、そのため、宇宙はどんどん冷えていきます。

たとえて言うなら、最初は6畳の部屋に居て、6畳用のストーブをつけていたのに、ストーブを消してからどんどんと隣の部屋の扉を開けて、合計で10畳、20畳、と開け放して

いくようなものです。部屋が大きくなればなるほど温度が下がるのは、直感的に理解していただけるかと思います。

そして、この温度の低下により、それまで激しかった素粒子の動きがにぶくなり、その結果、クォークが結合して「陽子」と「中性子」が生まれます。

それまでの宇宙というのは、いわば、グラグラと沸騰したスープのようなもので、いろんな物が単に混ざり合っていただけというか、私たちが認識している「物」でさえない物がグダグダと混ざっているような状態だったといえるでしょう。

そこにようやく、スープが冷めたことで、「陽子」と「中性子」が誕生するのです。

この二つは原子核の材料となります。人間の体から惑星まで、あらゆる物質の根本である「原子」を構成する材料は「原子核」と「電子」です。

宇宙誕生から10のマイナス5乗秒後には、「陽子」、「中性子」、「電子」と、原子を構成する材料がすべて揃ったことになるのです。

さらに、宇宙誕生から3分後、約10億度Cに宇宙の温度が下がったことで、陽子と中性子が結合し、水素の原子核、そしてヘリウムの原子核が誕生します。

——ところで、少し話は変わりますが、このときの宇宙は明るかったのか、暗かったの

宇宙の誕生

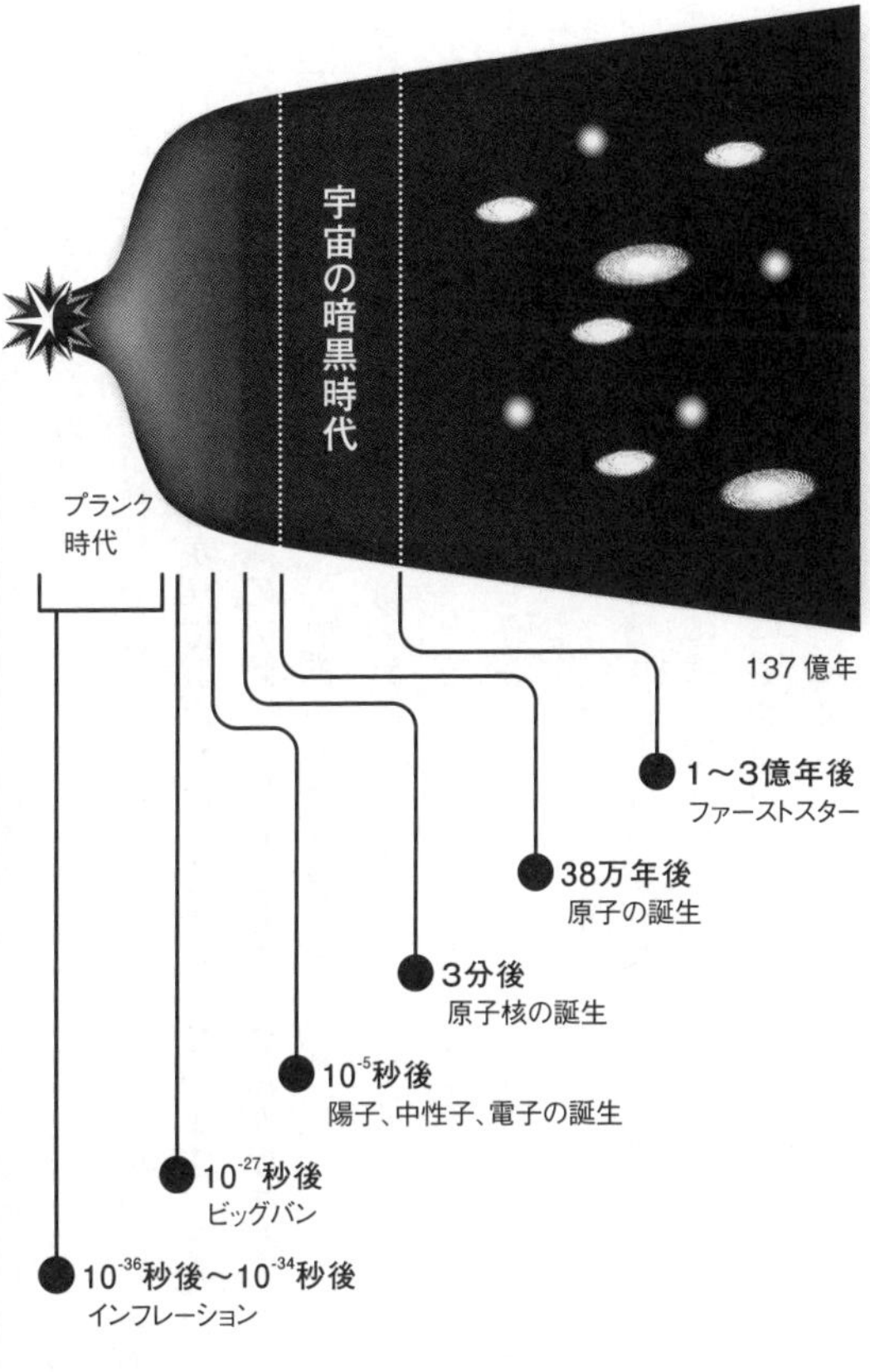
宇宙の暗黒時代
プランク時代
137 億年
1〜3億年後
ファーストスター
38万年後
原子の誕生
3分後
原子核の誕生
10^{-5}秒後
陽子、中性子、電子の誕生
10^{-27}秒後
ビッグバン
10^{-36}秒後〜10^{-34}秒後
インフレーション

図 1-2

かというと、とても明るい状態にありました。宇宙にある原子の数と光の数を比べてみると、光の数が10億倍ぐらい多いのです。

誕生したときの宇宙には、物質(粒子)と反物質(反粒子)というものがあり、そのバランスは前者が10億1個に対して、後者が10億個だったと考えられています。それが、宇宙誕生から10のマイナス10乗秒後までの間に、両者が打ち消しあう作用が始まり、宇宙誕生から4秒後にはすべての反物質が消えて、物質が1だけ残ります。

このとき残った物質によって、銀河や星や私たちができるようになるのですが、もし、初期宇宙に存在した物質と反物質の量がちょうど10億対10億だったなら、すべて打ち消しあって消滅してしまいますから、私たちも存在できなかったことになります。この微妙なバランスは、とても面白い話だと思います。宇宙誕生や素粒子に関わる話の中でも、人間の存在につながるもので、私はとくに好きです。ちなみに、反物質というものは実験室で作ることはできますが、自然のままの宇宙には、ほぼ存在していません。

では、打ち消しあって消えた10億はどこにいったのかというと、それらはすべて光になりました。

だから、初期宇宙は光に満ちた明るい状態にあったと考えられるのです。この状態は宇

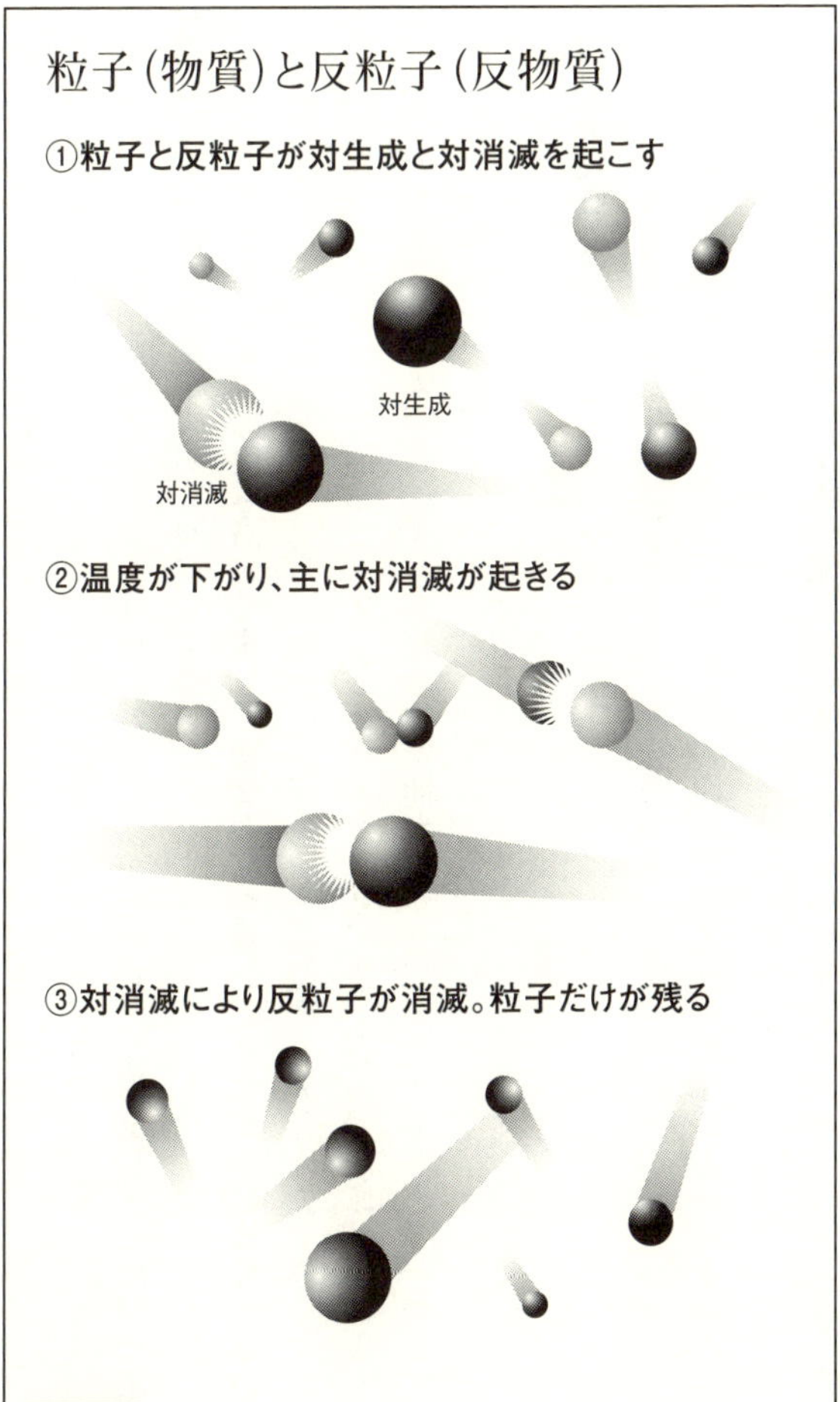
粒子（物質）と反粒子（反物質）
①粒子と反粒子が対生成と対消滅を起こす
対生成
対消滅
②温度が下がり、主に対消滅が起きる
③対消滅により反粒子が消滅。粒子だけが残る

図 1-3

宙誕生から38万年後まで続きますが、その話は少し置いておきます。

ただ、光が多すぎたということは、宇宙の歴史において重要なことでした。

先ほど、宇宙誕生から3分後にヘリウムの原子核が誕生したと解説しましたが、原子核合成は、本当はもっと早く起こってもよかったのです。

なぜなら、初期宇宙は温度も高いですし、密度も高かった。ですから、核融合という星の内部で起こるようなことが、もっと頻繁に起こってもおかしくありません。ところが、光にはつながった粒子を分解してしまうという力があり、多すぎる光が原子核合成を邪魔していたのです。宇宙の膨張によって充分に空間が広がり、温度が下がる3分後まで待たなければならなかったのです。

宇宙誕生から38万年後に星の材料が誕生

ここで、時間をポンと宇宙誕生から38万年後まで飛ばします。

原子核が生まれた3分後から38万年後までの間は、あまり重要なことが起きなかったからです。

宇宙誕生から38万年後、宇宙の温度が3千度Cくらいにまで下がったとき、ようやく原子核と電子が結合し、原子が作られます。これを、専門用語では再結合といいます。

このとき作られたのは、水素原子とヘリウム原子です。これが、のちのち最初の星の材料となっていきます。

ところで先に、初期宇宙では狭い空間に光が多すぎて、原子核合成が遅れたという話を紹介しました。これは、38万年後の原子核と電子の結合にもあてはまります。本当は、もっと早く原子が作られても良かったのですが、ここでも光が結合を邪魔しました。光に邪魔されずに原子が生まれることのできるぐらい空間が広がり、温度が下がるのに、38万年ほどかかってしまったのです。

さて、原子が作られるようになったことで、宇宙にもうひとつ大きな変化が生まれます。光は電子にぶつかりやすく、温度が高い時代には電子がうようよあったために直進できませんでした。そのため、初期宇宙は明るいには明るかったのですが、もやもやと霧が立ちこめているような状態にありました。

しかし、原子ができたとき、電子は原子にとりこまれてしまい、いわば裸の状態で存在しなくなったため、光は直進できるようになります。それはあたかも、霧が晴れるような状態ですので、これを「宇宙の晴れ上がり」と言います。

電子の雲によって遮られていた光が直進するようになったさいの状態は、宇宙マイクロ波背景放射というもので直接見ることができます。この宇宙マイクロ波背景放射というのは、ビッグバンのときに発生した光の残光のようなものです。

暗黒状態に差した最初の光——星の誕生

ところで、「宇宙の晴れ上がり」というと、雨が晴れ、とても明るくなったようなイメージをもつ人もいるでしょう。

ですが、宇宙誕生から38万年後の「宇宙の晴れ上がり」のすぐ後、宇宙は明るかったかというと、じつは暗黒といってもいいほど、真っ暗な状態になっていました。これは、このときには宇宙がかなり広がってしまい、その中にある光はエネルギーが低く、多くは赤外線となっていたため、もし私たち人間がその時期の宇宙に行くことができたとしても宇宙は真っ暗に見えたでしょう。

そのため、この時代から数億年間を「宇宙の暗黒時代」ともいいます。

「宇宙は晴れ上がった」のに、そのときから「宇宙の暗黒時代」が始まるというのは、言葉にすると変なようですが、実際、そうとしか言いようがありません。日没の頃に霧が晴れるようなものでしょうか。暗黒の宇宙に再び明かりが灯るには、星の誕生を待たなければならないのです。

宇宙で最初の星＝ファーストスターについては、第3章以降で詳しく解説しますので、ここでは簡単に説明しましょう。

最初の星が生まれるのは、宇宙誕生からだいたい3億年ほど経ったときのことです。この、自ら光を発する星というものができたことにより、再び宇宙は明るくなります。

星が生成される過程は、まず、宇宙にあるダークマターという物質のもとに、水素やヘリウムのガスが集まってくることから始まります。ダークマターは、現在の宇宙では全体のエネルギーのうち22パーセントを占めるほど膨大な量があります。化学反応をしないことと、重力によってまわりの物質を引き寄せる性質がある以外、ほとんどのことがわかっていない正体不明の物質です。

そのダークマターのもとに集まってきた水素やヘリウムのガスは、次第に凝縮していき、より濃密なガスの塊となります。そして、その密度が高まっていくことで、やがて中心部で核融合反応が起きるようになり、さまざまな重い原子を合成しはじめます。この核融合が始まると、ガスの塊は明るく光り輝きだし、宇宙を照らす星となるのです。

これが、暗黒の宇宙に再び光が差す瞬間です。

ところで、この本の「はじめに」で私は、「宇宙が誕生したとき存在した元素は水素とヘリウムだけでした。では、いつ、どうやって私たちを形作っている元素ができたのかというと、そこに星の誕生が深く関わっているのです」と書きました。じつは、私たちの体を作り上げている酸素や炭素、鉄などの元素は、星が核融合を起こすことによって初めて宇宙に誕生した元素なのです。

ですから、星の誕生から生命の誕生までは直接に繋がっていると言えますし、私たちの体は星のカケラによってできていると言うこともできます。私たちは、星の子供なのです。

さて、最初の星が生まれたあと、次々と星が生まれていき、やがて銀河が誕生します。そして無数に生まれた銀河は、重力によってお互いを引き寄せ、銀河群や銀河団、超銀河団といった、より大きな天体を形成していきます。

これが、現在、私たちが暮らし、知っている宇宙です。

また、その過程のなかで、いまから約50億年前、宇宙誕生から約87億年後に、私たちの太陽系にある太陽も誕生します。地球ができるのは、もう少しあとで、いまから約46億年前です。

そして生命が地球に誕生するのが、約38億年前。私たち現生人類が誕生するのは、わずか20万年前のこととなります。

宇宙のタイムスケール

ここまで一息に、宇宙137億年の歴史を眺めてきました。

ここで、もう一度、流れを整理してみましょう。

①【0秒】何もなかったところから宇宙が誕生

②【宇宙誕生から10のマイナス36乗秒後〜10のマイナス34乗秒後まで】——次から次へとエネルギーが発生して宇宙が急膨張する。高温、高密度状態。インフレーション

③【宇宙誕生から10のマイナス27乗秒後まで】——電子やクォーク、ダークマターなどの素粒子が誕生

④【宇宙誕生から10のマイナス10乗秒後】——物質（粒子）と反物質（反粒子）が打ち消しあい、物質だけがわずかに残る

⑤【宇宙誕生から10のマイナス5乗秒後】——宇宙の温度が下がったことで、クォーク

が結合し「陽子」と「中性子」が誕生
⑥【宇宙誕生から3分後】——さらに宇宙の温度が下がり、陽子と中性子が結合し、ヘリウムの原子核が誕生
⑦【宇宙誕生から38万年後】——さらに宇宙の温度が下がり、原子核と電子が結合し、原子が誕生。「宇宙の晴れ上がり」
⑧【宇宙誕生から約3億年後】——最初の星＝ファーストスターが誕生
⑨【宇宙誕生から87億年後】——太陽が誕生。その4億年後に地球も誕生

もっと細かくわければ、宇宙誕生から「晴れ上がり」までの間に、物質を構成する素粒子は大きく変化し、大統一時代や電弱時代、ハドロン時代、レプトン時代など、いろいろとありますが、大きくはこの流れでいいでしょう。

初期宇宙の流れは、「宇宙が生まれた瞬間」、「インフレーションというものを通して、熱い宇宙になった時期」、「その後その宇宙が冷えてきて、私たちがいま認識する物質だとか光だとか、そういうものができてきた時期」の3つに分けることもできます。

ところで、宇宙の歴史の流れを見返してみると、宇宙誕生から3分後までの初期段階に

プランク時代から太陽系の誕生までの宇宙の歴史

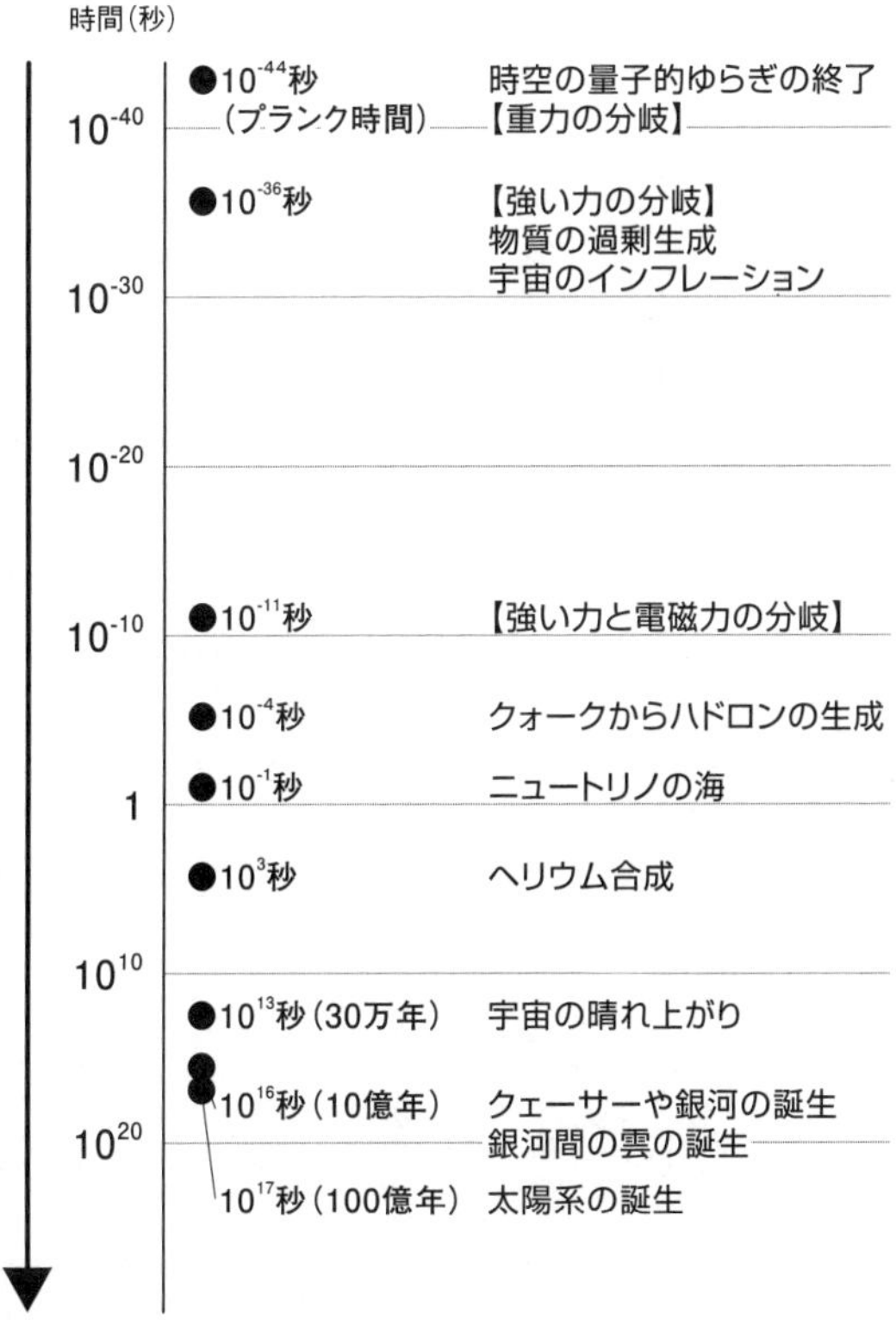

図1-4

は、インフレーションや素粒子の誕生、原子核合成と、目まぐるしくいろいろなことが起きているのに、そこから38万年後までは何も起きないというのは、不思議といえば不思議な気もします。

ですが、例えば、10のマイナス10乗秒から10のマイナス5乗秒というのも、じつは数字のケタだけを見れば大きく飛んでおり、3分後から38万年後まで飛ぶのと、そうたいして変わりはないともいえます。

人間はどうしても、人の一生という体感時間を基準にして考えますから、一秒にも満たない短い時間と、数十万年の時間を同じとは思えませんが、絶対的な宇宙のタイムスケールで考えれば、少しも不思議な話ではないのかもしれません。

厳密な意味での「宇宙の暗黒時代」

最新の研究成果では、132億光年先にある銀河の観測に成功しています。これはつまり、132億年前の宇宙の状態を観測によって知ることができるということです。逆に言えば、それより以前のことは観測ではわからない。

ですから、宇宙誕生から数億年までの間——宇宙の暗黒時代——は私たちの知識のうえでも暗黒ということもできます。

面白いことに、素粒子物理学という学問では、加速器と理論を使い、宇宙誕生から38万年後までのことを精密に検証できているのです。ヨーロッパのＣＥＲＮ（セルン、欧州原子核研究機構）にあるＬＨＣ（大型ハドロン衝突型加速器）という機器は、陽子ビームを加速して衝突させることで、高エネルギー下での粒子反応を起こして、それを検証するためのものです。これを使えば、ビッグバン直後の熱い宇宙を再現できます。

もっとも、より厳密に言えば、極初期の宇宙――「プランク時代」と呼ばれる、宇宙誕生から10のマイナス43乗秒までのことは、まだよくわかっていません。

これは宇宙に関する大きな謎のひとつで、世界中の科学者が研究していますが、いまだ解答が得られていないのです。とりあえず、「超ひも理論（スーパーストリング理論）」という物理学の仮説が、「プランク時代」を解明するものとして有力視されていますが、まだ結論は出ていません。

ともあれ、宇宙の始まりのほんの最初の部分を除けば、そこから先のことは実験室で再現できるようになりました。

ところが、宇宙誕生から38万年後の「宇宙の晴れ上がり」のころに、原子が誕生し、いろいろな物質の構成などが変わるので、素粒子物理学だけでは検証できなくなってしまうのです。しかも、ちょうどそのころに宇宙は暗くなってしまいますから、観測することもできない。

そういう意味で、宇宙誕生38万年後からファーストスターの誕生までが、宇宙に光がないという意味でも、人間が検証することもできないという意味でも、文字通り「宇宙の暗黒時代」なのです。

ついでに言えば、いつ「宇宙の暗黒時代」が終わったかということも、正確にはわかっていませんし、その定義も学者によって違います。

暗黒時代が終わるときは宇宙全体に光が行きわたらないといけないと思う人もいますし、星が誕生して、少しでも光が出てきたら、それで「宇宙の暗黒時代」は終わりだという人もいます。

光の速度はどうやって決まったのか?

最後にこの章の結びとして、その光の速度について興味深い話をひとつ紹介しましょう。

私たちの宇宙において、真空中における光の速度は、およそ30万キロメートル毎秒と決まっています。ところが、この速度が何によって決まったのかということは、じつはわかっていません。決めるための原理がないのです。

光の速度だけではありません。水素原子の重さも、重力の強さも、私たちの宇宙では、一定の数値が決まっていますが、ではなぜその数値となったのかはわからないのです。

そこでひとつの解釈として登場したのが、多元宇宙（マルチユニバース）という考え方です。

これは、光の速さや、原子の重さ、重力の強さなどに関して、色々な組み合わせの宇宙がたくさんあり、私たちの宇宙は、たまたまこういう組み合わせなのだというものです。ですから、私たちの宇宙よりも、光の速度が速い宇宙や遅い宇宙があるかもしれない。いわば、一種のパラレルワールドといえるでしょう。

もちろん、この考え方を、すべての学者が支持しているわけではありませんし、証明することも不可能ですが、こう考えれば楽なことは確かです。それに、この章の最初に解説したように、量子力学においては、すべては確率でしかなく、私たちの暮らしているこの宇宙以外にも、さまざまな宇宙が誕生したのだと考えています。

私たちは、この宇宙を動かしている物理法則をもとに、宇宙の観測や研究をしています。

でも、もし、光の速度などが違う宇宙が存在するなら、この章でここまで見てきたものとは、また違う宇宙の歴史となるでしょう。そうしたさまざまな可能性を考えると、面白いことに、人間が存在できる「ほどよい宇宙」というのはそう簡単に実現できるわけではありません。さまざまな要素が絶妙なバランスの上で成り立っていると考えることさえできるのです。

第2章　天文学5000年の歩みを振り返る

「天文学（Astronomy）」と「宇宙物理学（Astrophysics）」

私の専門分野は、本の著者紹介などでは、とりあえず宇宙物理学となっています。あるいは、天体物理学という書かれ方をすることもあります。

学者などではない一般の人に対しては、普通に「天文学をやっています」という言い方をすることもあるのですが、天文学というと、やはり天体望遠鏡などで星を観察している人というイメージがある。ですが、私は自分では大きな望遠鏡を使って銀河の観察をしたこともありませんし、観測データを使うこともあまりありません。私がやっているのは、宇宙に関する理論的な考察です。だからやはり、宇宙（天体）物理学という言い方が正しいということになるでしょう。

英語でいうと、宇宙（天体）物理学はAstrophysics、天文学はAstronomyとなります。ちなみに、天文物理学という言い方をしてもいいようなものですが、なぜか日本語では、慣習的にそういう言い方はしません。

日本では天文学と物理学は、少なくとも言葉上ははっきりとわかれています。お互いの伝統文化みたいなものがあって、天文学者は自分が天文学者であることを誇りに思っていますし、物理学者は物理学者でいることを誇りに思っている。ですから、それを混ぜたような、天文物理学という言い方はしないのです。もっとも現在では、両者の研究分野はかなり重なり合っていますし、ダークマターや暗黒エネルギーのように天文観測によって発見され、研究がすすんでいる物理学上の問題もいくつかあります。

ともあれ、そういうわけで、私の根本的な足場は物理学にあり、その物理学の理論を使って宇宙の研究をしているということになります。逆に言えば、将来、私の研究対象が生物のほうに行ったり、素粒子のほうに行ったりすることはあり得ます。

そういう点では、ある意味、医者に近いと言えるかもしれません。医者は、大学では最初、医学全般を学びますが、卒業後に、外科だとか内科だとか、この先、自分の仕事とする専門分野を選びます。だから、内科の医者でも、緊急時には簡単な外科手術ぐらいできるはずです。

もちろん、「言うは易し行なうは難し」で、内科の医者が突然、専門を外科に変更することが難しいように、宇宙物理学の人間が、明日から突然、最新の生物物理学や素粒子物理学のことをすぐ理解できるかというと難しいでしょう。それなりに、時間と労力はかかると思います。でも、可能性はゼロではない。

もともと私は大学では、航空宇宙工学を専攻していました。そしてその後、分野を変えできた経緯がありますので、将来、宇宙物理学ではない方向に関心が移る可能性は、自分ではけっこうあると思っています。

ところで、宇宙物理学というのは、20世紀に入って発展した、比較的新しい学問です。ですが、天文学自体は、もっと古くからある学問で、５０００年ほど昔から存在していたと言われています。

そこで、この章では、古代に誕生し、現代に至るまで発展し続けてきた天文学５０００年の歴史を簡単に紹介していきたいと思います。

暦の研究から始まった天文学

天文学という学問は、古来より世界各地に存在しました。星に関心のない民族や国はなかったと言ってもいいでしょう。

昔は、照明などなかったので夜空の星がよく見えたはずです。さらに、時間もたっぷりあったでしょうから、夜空に輝く星々をずっと眺めながら、その不思議さに、いろいろと想像力を働かせたのかもしれません。

個人的な話ですが、私が今まで見たなかで一番美しかった星空は、大学時代に宮崎県の小林市で見たものでした。そこでは星がきれいに見えるという話を聞いて、わざわざ車で行って、本当に真っ暗ななかで星空を見たことを憶えています。

もちろん、古代の人々が天文に関心を持ったのは、夜空の美しさや神秘さなどだけではなく、もっと実用的な意味もありました。

人類が農耕を始めるようになると、農作物の栽培や収穫に最適な時期を知るため、あるいはいつ雨季が始まり、いつ乾季が始まるかなどを知るため、季節の変化を正確に把握する必要が出てきた。そのときに、1年という周期が太陽の位置が移り変わっていく周期であることを発見し、月が1ヵ月周期で満ち欠けすることも発見します。そういうことから、星や太陽を詳しく観察して、暦というものが作られるようになったのです。

紀元前3000年ごろには、古代メソポタミアで月の満ち欠けを利用した太陰暦という暦が作られ、紀元前2000年ごろには、古代エジプトで地球が太陽の周りを回る周期を利用した太陽暦という暦が作られたとされています。これが、天文学の始まりといっていいでしょう。

ちなみに、現在でも暦(カレンダー)を発表するのは、天文学の仕事です。日本では三鷹の国立天文台が、一年に一度、毎日の日の出・日の入り時間を記したカレンダーを発表しています。

もうひとつ、実用的な意味で天文学を発展させたものに航海があります。船乗りたちは古来、夜空で動かない（ように見える）、北極星などを頼りに、自分たちの位置や進んでいる方角を確認し、海を渡っていました。紀元前2000年ごろ、ポリネシア人たちは目視による天体観測を利用した航海術を完成させていたといいます。

この他にも、星の動きが地上の人間の運命に関係しているという発想から、占星術が生まれ、天体の観測が発展したという側面もあります。

いわゆる西洋占星術は、紀元前1800年ごろの古代バビロニアで誕生し、それがその後、インドやヨーロッパに広がっていったとされていますが、中国には中国独自の占星術が古代よりあり、その他、各地にそれぞれ占星術は存在していました。星の動きが人間の運命に深く関わっているというのは、世界共通の発想のようです。

天文観測が学問となった古代ギリシャ時代

さて、天文学が、さらに発展したのは古代ギリシャ時代です。

古代ギリシャでは自然現象を合理的・科学的に解明しようとする学問や哲学が大いに発

展しました。その流れのなかで、天文学も格段の進歩を果たしたのです。

古代ギリシャの人々は、観察から地球が丸いことを知っていましたし、紀元前3世紀ごろのアリスタコルスという科学者は、地球が自転しており、太陽を中心として5つの惑星がその周りを公転しているという一種の地動説を唱えていました。

あるいは、紀元前3世紀頃のエラトステネスという学者は、三角法という長さを測る数学の手法を利用して、地球の大きさを割り出し、地球の周囲を約4万キロメートルと算出したとされています(これは、実際に正しい数字ですが、本当にエラトステネスが約4万キロメートルという数字を算出していたのかについては、現代と古代ギリシャでは距離の単位が違うので諸説あります)。

さらに、紀元前2世紀ごろのヒッパルコスという天文学者は、月の直径と、地球から月までの距離を三角法によって測りました。ヒッパルコスは、「地球から月までの距離は、地球の直径の30倍である」としましたが、エラトステネスが算出した数字に基づけば、地球の直径の30倍は、約38キロメートルとなり、38万4400キロメートルという実際の距離とほぼ同じとなっています。

ちなみに、ヒッパルコスは、夜空に輝く星の明るさを6段階に分けるということもしました。これは多少形を変えてはいますが、現代の天文学でも恒星の明るさを表す尺度である視等級として使われています。

また、エラトステネスやヒッパルコスが使った三角法という手法は、星までの距離を図る基本的な方法として現代の天文学でも使われています。現在では、セファイドや円盤銀河、赤方偏移など、距離を図る方法は様々なものが考案されていますが、それでも基本にあるのは三角法なのです。地球から一番近い恒星であるアルファ・ケンタウリまでの距離も、三角法によって算出されています。

このように、古代ギリシャでは、現代の天文学と遜色ないほど、星についての研究が発展しました。ところが、紀元後になると、西洋の天文学は急速に衰退してしまいます。

それには、キリスト教の誕生と発展が大きく関わっています。

ルネサンスによって近代天文学への道が開ける

キリスト教では、世界も人間もすべて神様が作ったということになっていますから、西洋にキリスト教が広まっていくにつれ、自然現象を合理的・科学的に観察し、分析するという古代ギリシャ的な考え方は、次第に廃れていってしまいます。

そのため、古代ギリシャでは常識であった、地球は平面ではなく丸いということや、地球が太陽の周りを回っているという地動説などは、忘れられてしまったのです。

もっとも、キリスト教ではイエス・キリストが復活した日を特定する必要があったため、正確な暦を作ることに宗教的な情熱を燃やしていたという一面もあります。現在もっとも一般的に使われているグレゴリウス暦という太陽暦のカレンダーは、1582年にローマ教皇グレゴリウス13世が、それまで使われていたユリウス暦を改良して作ったものです。

それでも、全体としては、紀元後から長い間、西洋における天文学は停滞していました。この間、天文学を発展させたのはアラビア文化圏です。

古代ギリシャ自然科学の影響を受けながらも、キリスト教を拒んだアラビア文化圏では、天文学をはじめ、数学や化学などが急激に発展しました。9〜10世紀のシリアの天文学者・バッターニーは天文台を設け、41年間にわたって球面三角法を用いた夜空の観測を行い、489個の星の恒星表を作りました。これにより、現代でも恒星の固有名は、アラビア語に由来するものが多くなっています。

ふたたび西洋で天文学が発展するようになるのは、14世紀以降のことです。

11世紀から13世紀にかけて複数回行われた十字軍の遠征によって、西洋はアラビア文化に触れることになります。その結果、ギリシャ的な自然科学が西洋に再輸入されます。そして、14世紀から16世紀にかけて、古代ギリシャ文化を復興させることで自然科学や人間中心の文化をもう一度発展させようとする、ルネサンス運動が西洋の各地で花開きました。この流れから、天文学もふたたび西洋で発展していくようになったのです。

16世紀デンマークの天文学者だったチコ・ブラーエは、長年の観測により、膨大な天体観測記録を残しました。ちなみに、ブラーエの生きていた時代、天体望遠鏡はまだ発明されていませんから、彼はすべて星を肉眼で観測しています。そういう意味では、肉眼による天体観測をした最後の世代の学者とも言えますし、肉眼による天体観測において最高の成果を挙げた人ともいえるでしょう。

このブラーエの弟子だったのが、ドイツの天文学者ヨハネス・ケプラーです。ケプラーは、師の観測結果に基づいて惑星運動における法則性を発見し、1609年から1630年にかけてそれを発表しました。これは、「ケプラーの法則」と呼ばれるもので、次の三つにわかれています。

・第1法則（楕円軌道の法則）――惑星は太陽をひとつの焦点とする楕円軌道上を動く

・第2法則（面積速度一定の法則）――惑星と太陽を結ぶ線分が単位時間に描く面積は一定である
・第3法則（調和の法則）――惑星の公転周期の2乗は、軌道の長半径の3乗に比例する

「ケプラーの法則」が発表された当時、とくに驚きをもって受け入れられたのが、第1法則の「惑星は楕円軌道上を動く」というものでした。それまでは、惑星の運動は真円を描くと信じられていたのです。ブラーエも真円運動説を信じていたのですが、火星の観測データがそれに従っていなかったため困惑し、弟子のケプラーに解析を任せたことが第1法則発見のきっかけとなったともいわれています。

そして、「ケプラーの法則」を説明するために、17〜18世紀イギリスの科学者アイザック・ニュートンが「万有引力の法則」を提唱します。このニュートン力学の成立により、18世紀以降、天文学は大いに発展しました。現代の天文学・宇宙物理学の基礎となっているアインシュタインの「相対性理論」も、ニュートン力学があってこその理論といえます。

つまり、ブラーエがデータを貯め、それをケプラーが見て解釈して、最後にニュートンが定式化したことで、近代天文学、さらに現代の天文学への道が開かれたのです。

吉田直紀セレクト・偉大なる天文学者ベスト5

ここで、私の独断と偏見による、現代天文学の成立に通じる偉大な業績を上げた天文学者ベスト5を選んでみます。

まずは、先にも紹介したヨハネス・ケプラー（1571年〜1630年・ドイツ）。

彼の提唱した「ケプラーの法則」についてはすでに解説しましたが、惑星がある一定の法則に基づいて動いているという発見は、その後の天文学の発展にとって、とても大きなものでした。

続いては、ガリレオ・ガリレイ（1564年〜1642年・イタリア）。

ガリレオというと、「地動説」を唱えて、キリスト教の異端審問にひっかかった「ガリレオ裁判」が有名ですが、「地動説」自体は15〜16世紀の天文学者コペルニクスが提唱していたものですし、それ以前からも説としては存在していました。

それよりも、ガリレオの業績として一番大きいのは、天体望遠鏡の発明です。望遠鏡自体は、直接、ガリレオが発明したものではありませんが、それを天体観測に取り入れ、改良したのはガリレオです。これにより、それまでの肉眼による天体観測に比べ、飛躍的に観測データの量が増えるようになり、天文学上の数々の発見もされることになります。

吉田直紀セレクト・天文学者ベスト5

◆ヨハネス・ケプラー [「ケプラーの法則」の発見]	*Johannes Kepler*	1571〜1630
◆ガリレオ・ガリレイ [天体望遠鏡の発明]	*Galileo Galilei*	1564〜1642
◆ウィリアム・ハーシェル [赤外線放射の発見、太陽系の移動の発見]	*William Herschel*	1738〜1822
◆ウイリアム・ハギンズ [恒星のスペクトル分析]	*William Huggins*	1824〜1910
◆エドウィン・ハッブル [宇宙の膨張の発見]	*Edwin Hubble*	1889〜1953

表2-1

三番目は、ウィリアム・ハーシェル（1738年〜1822年・ドイツ／イギリス）です。

ハーシェルには、天王星の発見や望遠鏡の改良、天の川の構造研究など、様々な優れた天文学上の業績がありますが、なかでも大きなものは、赤外線放射の発見と、私たちの太陽系が宇宙のなかを移動していることを発見したことだと思います。

赤外線放射の発見は、普段、私たちが目にしている光以外にも光があることを明らかにし、その後の星の観測に大きく寄与しました。また、太陽系が宇宙のなかを移動しているということは、それ以前の人からすれば、信じられないような事実でした。

4番目は、少々、マイナーになるかもしれませんが、ウィリアム・ハギンズ（1824年〜1910年・イギリス）を挙げたいと思います。

ハギンズの業績でもっとも大きなものは、星から出ている光のスペクトルを分析することで、夜空に輝いている星と、私たちの太陽が同じものだということを証明したことです。

現代の私たちにとっては当り前のように思うかもしれませんが、これは本当にすごいことです。普通に夜空の星と太陽を見比べていても、それが同じものだとは絶対に気づかないでしょう。少なくとも、私だったら気づきません。

それが、太陽も夜空にたくさんある星の一つにすぎないことを確かめたというのは、地球が宇宙のなかで特別な場所ではないことの証明にもなりますし、人間の小ささを感じて、私などはとても感動します。

そして、最後の5番目はエドウィン・ハッブル（1889年〜1953年・アメリカ）。

ハッブルは、銀河の観測をしていて宇宙が膨張していることを発見した人です。この宇宙の膨張の発見の意義については、このあと詳しく紹介します。

ちなみに、ニュートンやアインシュタインが入らないのかと疑問に思う人もいるかもしれません。もちろん、彼らの業績は天文学に大きく寄与しているのですが、厳密に言えば、彼らは天文学者ではなく、物理学者や数学者と呼ぶのがふさわしい人たちです。そのため、今回は天文学者ベスト5には入れませんでした。

吉田直紀セレクト・現代天文学の大発見ベスト5

ここまで、私が考える偉大な天文学者ベスト5を挙げてみましたが、続いて、人物ではなく、天文学上の発見そのもののベスト5も挙げてみたいと思います。

ただ、5千年以上にもおよぶ天文学の歴史から、偉大な発見を5つだけ選ぶのは大変ですので、現代の天文学の根幹にかかわる、20世紀以降の発見だけに限ることにします。また、もちろん、これも私の独断と偏見で選んだことをお断りしておきます。

まず一つめの大発見は、先に少しだけ触れた、「宇宙が膨張している」ということの発見です。

「宇宙の膨張」を発見したのは、すでに解説したようにアメリカの天文学者ハッブルですが、彼がまず発見したのは、私たちのいる銀河のほかにも宇宙には多くの銀河があるということでした。これは1923年から1924年にかけてのことで、このこと自体、人間の宇宙観にとって大きな転換点となりました。

そして、ハッブルはその銀河を観察し、それぞれの地球からの距離を測っているうちに、銀河が遠ざかっていることを1929年に発見します。つまり、宇宙が膨張していることに気がついたのです。この発見はまさに人類が誇るべき大発見で、現代の天文学のすべての出発点となったといっても過言ではないでしょう。

二つめの大発見は、「宇宙マイクロ波背景放射」の発見です。

「宇宙マイクロ波背景放射」は、第1章でも簡単に紹介しましたが（30ページ）、ビッグバンのときに発生した光の残光のようなもので、これが発見されたことにより、ビッグバン理論が直接的な観測によっても証明されたことになりました。その存在自体は、1940年代から予言されていたのですが、実際に発見されたのは1964年のことで、それも偶然、アンテナに入るノイズを減らす研究中に発見されています。

三つめの大発見は、「宇宙の大規模構造」の発見です。

これは、宇宙には星や銀河が均一に散らばっているのではなく、固まって存在している場所と、まばらな場所があるという発見で、その様子が巨大な構造物のように見えるため、「宇宙の大規模構造」と名づけられました。1970年代後半から、「宇宙の大規模構造」については少しずつ研究が進んでいましたが、1986年にマーガレット・ゲラーというアメリカの天文学者が、「宇宙の大規模構造」の詳細な姿を解明しています。

四つめの大発見は、「系外惑星」の発見です。

「系外惑星」とは、太陽の周りを地球が回っているように、他の恒星の周りを回っている惑星のことです。

当然、ほかの恒星の周りでも惑星が回っているだろうということは、ずいぶん前から予測はされていたのですが、惑星は自ら光らないため、地球からの観測は大変困難でした。実際に発見されたのは1995年のことで、ペガスス座51番星という恒星の周りを、木星の半分ほどの質量の惑星が回っていることが確かめられました。このときは、恒星が惑星の重力によって引きずられて少しだけ揺らぐ、その動きから発見されています。

「系外惑星」が発見されたということは、惑星というものがほかのどこにでもあって、やはり宇宙人はいるかもしれないという話に繋がりますから、人間の宇宙観に影響を与えた発見だと思います。

これは余談ですが、ペガスス座51番星の周りを回っている惑星は、太陽と水星の距離の6分の1という近い距離で恒星の周りを4日ほどで公転しています。そのような星が存在するとは当時は考えられておらず、この発見の半年前に天文学界で、「そんなに速く公転する惑星はないだろう」という発表があったほどですから、これは驚くべき発見だったとも言えます。

さて、5番目の大発見は、「褐色矮星」の発見です。

「褐色矮星」というのは、木星と恒星の中間のような星のことで、少々地味な発見とも言えますが、星の種類が新たにひとつ増えたという意味で、天文学的には大きな発見でした。「褐色矮星」を最初に発見したのは日本人の天文学者・中島紀のチームで、1995年のことです。

最後に、オマケの大発見として、海王星の発見を紹介したいと思います。

海王星の発見は1846年のことですから、20世紀の大発見ではないのですが、ここまで見てきた大発見のほとんどが偶然見つかっているのに対し、海王星は太陽系のほかの惑星の動きを計算して、ここにもうひとつ惑星があるはずだという予測に基づき発見されています。そういう意味で、美しい理論の勝利ですので、例外として挙げておきたいと思います。

ちなみに、1930年に発見され、2006年に準惑星の扱いになってしまった冥王星も計算により発見されたのですが、じつはあとからその計算が間違っていたことが明らか

吉田直紀セレクト・現代天文学の大発見ベスト5

◆1929年 [宇宙の膨張の発見]

◆1964年 [宇宙マイクロ波放射の発見]

◆1986年 [宇宙の大規模構造の発見]

◆1995年 [系外惑星の発見]

◆1995年 [褐色矮星の発見]

◆1846年 【番外】[海王星の発見]

表2-2

になりました。

天文学上の発見には、そういう幸運な偶然もあるのです。

「観測」と「理論」の割合は9対1

さて、近代から現代にかけての天文学は、大きく分類すると次の三つに分けることができます。

・位置天文学――(天体の位置を研究する)

・天体力学――(天体の動きを研究する)

・天体(宇宙)物理学――(天体の物理状態や進化を研究する)

ただ、位置天文学と天体力学は、現在の最新の天文学において主流ではありません。位置天文学は暦を作るさいには必要となってくるのですが、基本的に望遠鏡で観察するだけで済んでしまいますし、天体力学はニュートン力学でほとんど説明が済んでいますから、この二つは天文学のなかではいまや古典分野と言えるでしょう。

では、私の専門としている天体（宇宙）物理学だけが、天文学の最先端なのでしょうか？そうではありません。事情はもっと複雑なのです。

現在では、「研究の対象」と、「何によって観測しているのか」によって分類されることが多いのです。

「研究の対象」とは、宇宙全体を研究しているのか、銀河のことを研究しているのか、星のことを研究しているのか、それとも地球の研究をしているのかという分けかたです。さらに細かく分類すれば、同じ恒星の研究といっても、「恒星進化論」と「星形成論」の研究では違うことをやっています。

「何によって観測しているのか」というのは、電磁波の波長のどこで星や銀河を観察しているのかという分け方です。昔は、目に見える光だけで星の観察をしていましたが、いまはさまざまな波長で星を観測できるようになっています。この、観測媒体による分類を具

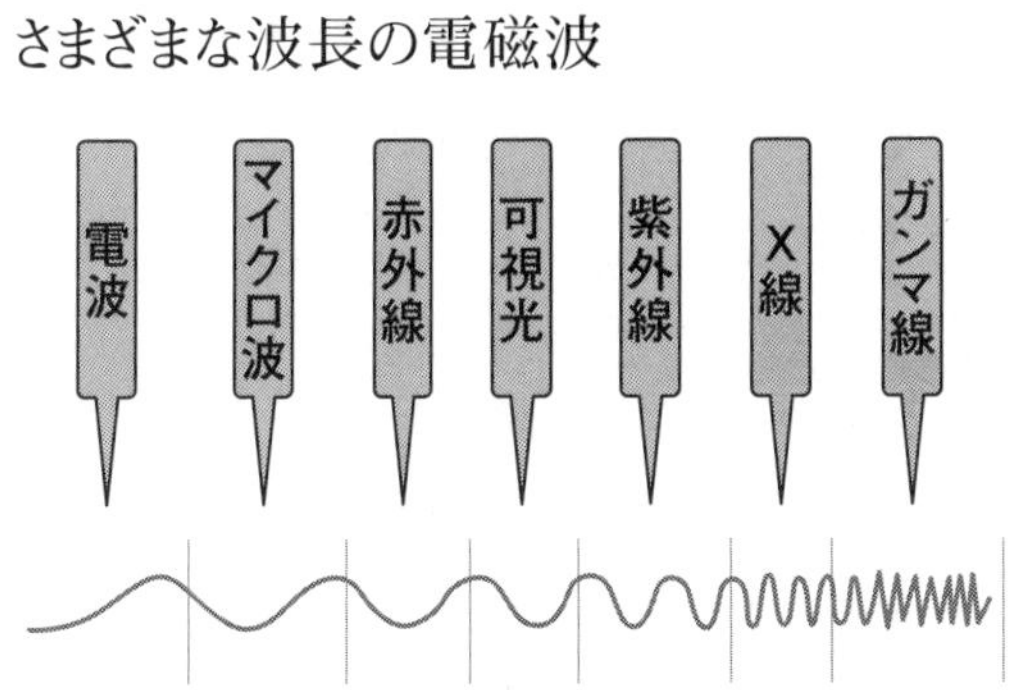

図 2-3 観測天文学では、さまざまな波長の電磁波で宇宙を観測している。

体的に挙げれば、電波天文学、赤外線天文学、可視光天文学、紫外線天文学、X線天文学、ガンマ線天文学などとなります。

もうひとつ別の分類の仕方としては、観測天文学と理論天文学という分け方もあります。観測を中心としているのか、理論を中心としているのか、この分けかたのほうがわかりやすいかもしれません。

いま紹介した、電波天文学、赤外線天文学などは、すべて観測天文学です。そして、私などの天体（宇宙）物理学は理論天文学といえます。

――もっとも、天文学者自身が実際に、「自分はなになに天文学です」ということはほとんどありません。普通に聞かれたときは、「天文学です」と答えるだけですし、さらに専門分野を聞かれたさいには、しかたなく「とくに銀河をやっています」といったぼんやりした答えかたをすることが多いようです。

観測天文学のほうは、まだ先に挙げた観測媒体の違いで答えることも出来るのですが、理論天文学の場合、一人の学者が複数の対象を研究しているのが普通ですので、「専門は？」と聞かれても、本当は答えるのが難しい。私なども、「銀河形成論」もやりますし、「星形成論」もやるし、「星間物理理論」もやっている。ですから、専門分野を聞かれても答えようがないというのが正直なところです。

あるいは、私の場合でしたら、「コンピュータ・シミュレーションをやっています」という言いかたをすることもあります。

コンピュータ・シミュレーションというのは、現代の理論天文学のなかでは一大分野になっています。なぜなら、例えば通常の物理学でしたら、理論物理学と実験物理学があり、理論を確かめるために実験室で何かを作ることができる。ところが、宇宙の場合は、ブラックホールを確かめたいと思っても、実験室でブラックホールを作ることはできないので、コンピュータ・シミュレーションでやるしかありません。

だから、観測天文学者の道具が望遠鏡であるように、理論天文学の道具はコンピュータ・シミュレーションであるともいえます。事実、私たちの世界では、コンピュータ・シミュレーションに対して「理論の望遠鏡」という言い方をすることもよくあります。

ところで、天文学のなかで観測天文学と理論天文学のどちらが主流派なのかといえば、これは圧倒的に観測天文学のほうです。割合で言えば、9対1ぐらいとなっています。

IAU（国際天文学連合）という世界の天文学者によって構成されている組織があるのですが、総会員数約1万人のうち、おおまかに見積もって9000人は観測天文学の人でしょう。日本人の天文学者の数はおそらく500人ちょっとで、そのうち理論天文学者は50人程度ではないかと思います。宇宙を対象とする研究ですから、あまり、頭でごちゃごちゃ言う人ばかりでは困りますので、この比率は適正だと私は思っています。

ただ、第1章で解説したように、「宇宙の暗黒時代」など（36ページ）、観測ではどうにもならない限界もあります。そういう意味でも、20世紀から21世紀にかけてというのは、理論天文学が大きく発展した時代でもありました。しかし、現在でも、理論では予想もつかなかったものが、実際に観測で見つかってしまうことも多いものです。

この両者のバランスが、この先どうなっていくかは非常に興味深いと言えるでしょう。

未来の天文学はどうなっていくのか?

ここまで、古代から現代に至るまで、天文学5000年の歴史を駆け足で眺めてきました。それでは、未来の天文学はどう発展していくのでしょうか?

当り前の話ですが、その問いに明確に答えることは誰も出来ません。

ただ、人間の宇宙観というのはずっと変わり続けてきました。

例えば、古代インドでは、亀の上に象が乗っていて、その象の上にお皿があり、そのお皿の上に私たちの暮らす世界が乗っているという宇宙観を信じていました。

現代の人間からすれば、笑ってしまうような宇宙観です。ですが、古代インドの宇宙観を笑えるのは、天文学が発展したおかげであることは間違いありません。

ですから、ビッグバンにしろ、宇宙の膨張にしろ、暗黒物質にしろ、暗黒エネルギーにしろ、現代の人々が「確定した真実だ」と信じている宇宙観が、将来、否定されたほうが天文学は発展したことになります。24世紀の人が私たちのことをバカにするぐらいのほうが、私は面白いと思っています。

また、万が一、21世紀中に宇宙の謎がすべて解決してしまったとしたら、それはそれで悲しいことです。天文学の成果ということもできるでしょうが、すべて解決した時点で、

天文学の歴史年表

紀元前3000年頃	メソポタミアで太陰暦が作られる
紀元前2000年頃	エジプトで太陽暦が作られる
紀元前3世紀頃	エラトステネスが地球の大きさを計算
紀元前2世紀頃	ヒッパルコスが月までの距離を計算
⋮	⋮
9世紀	バッターニが489個の恒星表を作る
1609〜1630年	ヨハネス・ケプラーが「ケプラーの法則」を発表
1632年	ガリレオが地動説を完成させる
1666年	ニュートンが万有引力の法則を考案
1800年頃	ハーシェルが赤外線放射を発見
1905年	アインシュタインが「特殊相対性理論」を発表
1910年	アインシュタインが「一般相対性理論」を発表
1920年代	ハッブルが銀河の観測などから宇宙の膨張を発見
1990年	ハッブル宇宙望遠鏡が打ち上げられる

表2-4

天文学という学問は終わってしまいます。

もちろん、そんなことはあり得ないでしょう。なにしろ、宇宙で最初の星がどうやって出来たのかということも、はっきりとはわかっていないのです。

というわけで、次の章からは、私の専門研究分野のひとつである「宇宙に出来た最初の星＝ファーストスター」について詳しく紹介していきます。

第3章　宇宙で最初の星＝ファーストスターと星の進化

宇宙に最初の星ができた時、生命への一歩が踏みだされた

まず、なぜ私が、「宇宙で最初の星＝ファーストスター」についての研究をしようと思ったのかの話からしたいと思います。

そもそも、大学院に通っていたころの私は、宇宙の大規模構造や銀河団など、宇宙全体あるいは宇宙全体を形作るものに関心があり、その研究をしていました。しかし、当り前の話ですが、ある「もの」というのは、それよりも小さなものから構成されています。だから、大きなものをくわしく知るためには、小さなものを知らなければならない。

つまり、宇宙の大規模構造を知るためには、大規模構造を構成している銀河団のことを知らなければならないし、銀河団のことを知るには、それを構成している各々の銀河のことを知らなければならない。そして、銀河のことを知るためには、銀河を構成している星について知らなければならなくなります。

ところが、星というものも宇宙に最初からあったわけではない。

そこで、どうやって星が生まれたのかということを明らかにしようと思い、「宇宙で最初の星」の研究をするようになったのです。いわば、最初の関心から段々とさかのぼっていったことにより、ファーストスターの研究が始まったと言えるでしょう。

そしてこれは、大から小へと「もの」の大きさをさかのぼっただけではなく、宇宙の歴史で見ると、時間的に現在から過去へとさかのぼっていったことにもなります。面白いことに、私たちの宇宙では、銀河の構成要素を知ろうとすると、時間をさかのぼって「宇宙に最初に生まれた天体は何か」という疑問にたどりつくのです。

もちろん、構成要素的にも時間的にも、星よりもさらにさかのぼることもできたでしょう。

星がなにからできているのかと大もとをたどっていけば、それは宇宙がビッグバンによって誕生したときの素粒子です。宇宙物理学者のなかには、素粒子が中心テーマとなるビッグバン直後の初期宇宙について、突き詰めて研究している人もおおぜいいます。

でも、私はそれには関心がもてなかった。

その理由は、「はじめに」や第1章で触れたように、星の誕生が生命の誕生に深くかかわっているというところにあります。

ここまでくり返し説明してきたように、宇宙が誕生したときに存在した元素は水素とヘリウムだけでした。ところが、人間をはじめとする生命を構成している元素は、酸素や炭素、鉄などです。それらの元素は、宇宙に星が生まれ、その星が輝くために核融合を起こすようになって初めて誕生した。だから、人間は間接的には星の子供といえます。

当然、酸素や炭素、鉄などの重元素を作るということと、生命、あるいは私たち人間というものの間にはかなりギャップがあります。でも、ファーストスターは、その拠り所となる最初のステップであることは確かなのです。

そのことに、私は非常に興味を惹かれました。

これが、素粒子というところまで行ってしまうと、人間や生命の発現という面白いストーリーとのつながりがすぐには見えないので、どうしても無味乾燥に感じ、興味がもてなかったということになります。

——とはいえ、「星の誕生が生命の誕生に繋がっているから関心を惹かれた」というのは、自分のやってきたことをあとあと振り返ってみて気づいたというのが正確なところで、研究を始めた当初は、それほど自覚してはいなかったと思います。

やはり、最初の出発点は、「銀河や、いまある宇宙の構造がどうやってできてきたのか——それは、さかのぼって考えないといけない」というところにあったと言えるでしょう。

それから、もう一つ、私がファーストスターの研究をしようと思った大きな理由があります。

それは、ファーストスターの研究というのが、ある意味、「クリーン」な研究だからです。

「ダーティ」な銀河と「クリーン」なファーストスター

星の誕生と比べたとき、銀河が生まれる銀河形成というのは、とてもダーティな話になります。ダーティといって語弊があれば、ゴチャゴチャしていて複雑と言い換えてもいいでしょう。

例えば、天の川銀河でいえば、その中には、大小さまざまな星があり、惑星があり、それらの間には星間ガスがひろがっています。星間ガスにはさまざまな重元素がたくさん含まれていて、宇宙塵とよばれる砂のようなものが混じりあっているうえ、そこには電磁場があり、それがいろいろな働きをするなど、複雑極まりないことになっています。エネルギーの高い粒子や電磁波があちこちから飛んできたりもしています。

しかも、そのひとつひとつについてはよくわからないことが多いのに、たくさんの銀河についていろんな波長の電磁波で観測した観測事実だけはたくさんあり、「観測してこうなっているのだから」という事実だけをつぎはぎし、経験則として積み上げているという状態なのです。

つまり、銀河の形成というのは、物理学の理論だけですっきりと説明できるわけではないのです。もちろん、多様で複雑で、神秘的とさえ思える美しい姿をもつ銀河は、だからこそ興味深くもあります。しかし、すっきり理解するには複雑すぎる。

それに対し、ファーストスターが誕生するときというのは、宇宙の初期ですから、元素の種類も少ないですし、さまざまな初期条件がすっきりとしている。だから、物理学の理論のまな板に乗せやすいのです。

と同時に、第1章でも解説したように、ファーストスターが生まれたときというのは、現時点では観測が届かない時代ですから、物理学の理論で行くしかない。

理論で行くしかないけれども、理論である程度行ける。

そういうことから、私はファーストスターの研究に進んでいったのです。

星が生まれるには「冷やすために温めなければならない」

前置きが長くなりましたが、ここから宇宙で最初の星がどうやって誕生したのかについて、具体的に解説していきましょう

ファーストスターを作る材料は、水素元素とヘリウム元素とダークマター（暗黒物質）

だけです。そもそも、星が誕生する前の宇宙には、基本的にこの三つの物質しか存在していませんでした。

ダークマターというのは、はっきり言って、わかっていないことが多い正体不明の物質で、現在の天文学における最大の謎のひとつですが、重力によってまわりの物質を引き寄せる性質があることはわかっています。

そして、星が生まれるとき、最初に必要になるのは、基本的には重力だけです。

もちろん、私たちの住む世界には重力以外にも、さまざまな力があります。

例えば、私が椅子を押すとき、そこにも力が働いています。この押す力の正体は電磁気力というもので、じつは私は椅子に触れているようでまったく触れておらず、私の手を構成している原子が椅子を構成している原子にぎりぎりまで近づいて電磁気力で押しているのです。

ところが、この電磁気力というのは近づかないと働かない力ですから、宇宙における星の誕生といった広大なスケールのさいには、あまり役に立ちません。

そういうときに使える力は、重力（物と物が引き合う力）だけなのです。

重力自体は非常に弱い力なのですが、幸いにも距離の2乗でしか減らないという性質を持っています。距離の2乗というと、大きく減るように感じるかもしれませんが、距離が2倍になっても、せいぜい力は4分の1になるだけですので、減り方としてはそれほど大きくない。だから、広い宇宙で星を作るさいにも、非常に有効に働くのです。

さて、宇宙に最初の星が誕生する仕組みは、簡単に言えば、ダークマターが、水素とヘリウムを重力（引力）によって引き寄せて星を作るというものです。ですが、星ができるほどの量の水素とヘリウムを集めるためには、まずダークマター同士が重力によって寄り集まらなければなりません。

どのくらいの量が集まらなければならないかと言えば、おおよそ太陽の100万倍ほどの質量です。

ダークマターがそれぐらいの質量になれば、そのぶん重力も強くなり、じゅうぶんな量の水素とヘリウムを引き寄せられます。もちろん、ダークマターがまだ小さな塊のときも重力はもっていますから、水素とヘリウムを集めてはいるのですが、集める端から逃げられてしまうのです。

では、ダークマターが大きくなれば星ができるのかというと、それだけでは星はできません。いや、ある意味それだけでも材料としては揃っているのですが、厳密に言うと、そ

ダークマターが分子ガス雲を育む様子

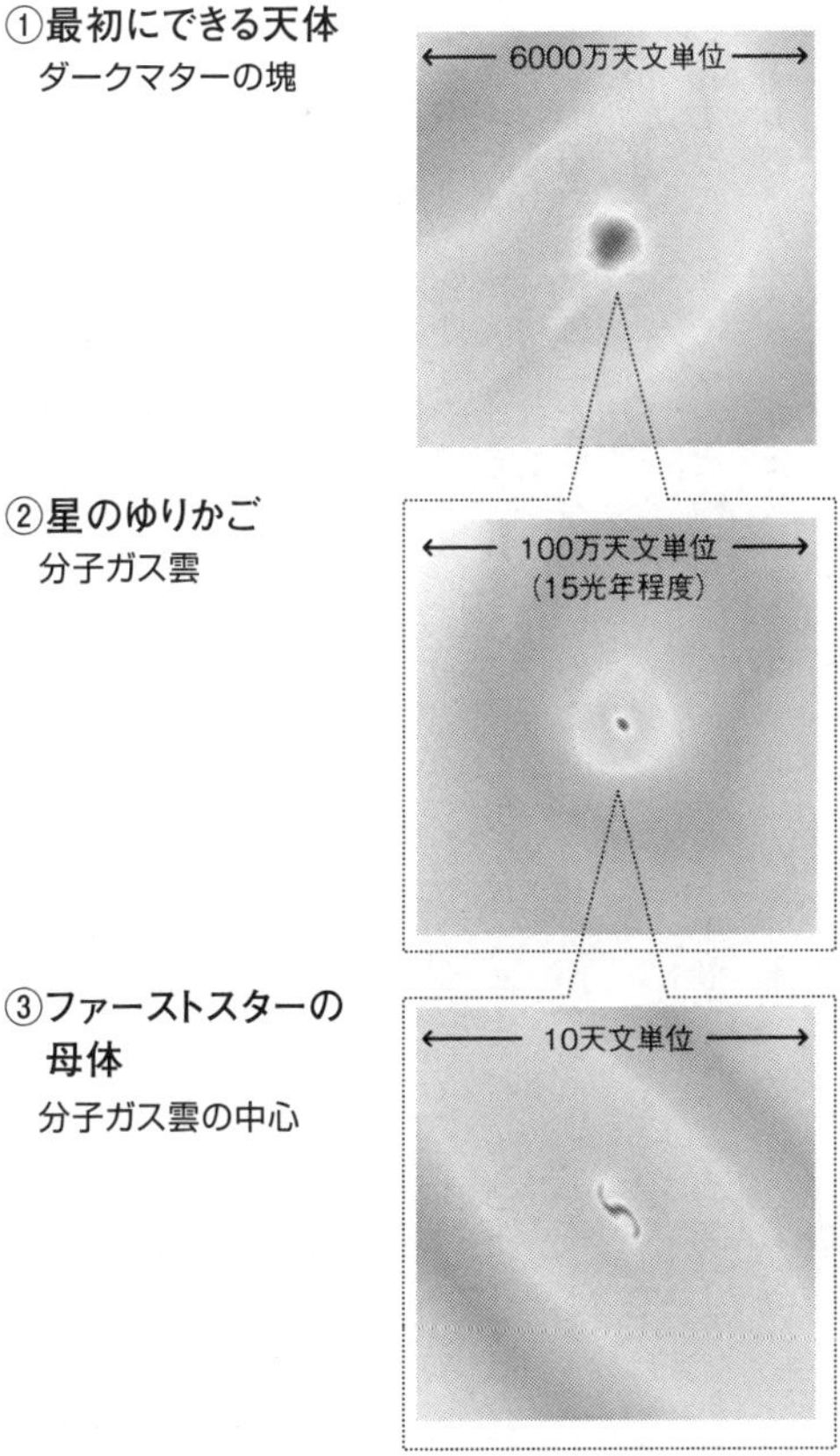

図3-1

の前にある段階をひとつ踏まなければならないのです。
——ここで、少々難しい話となります。

星を作るということを、ダークマターの器にたくさんの水素とヘリウムを詰め込むようなものだと考えてみてください。たとえて言えば、ビニール袋の中に空気を入れてギュッと押し縮めていくような感じです。でも、どんどんビニール袋の中に空気を入れて行くと、ある時点で限界が来て、空気の反発によってそれ以上入らなくなってしまいます。

そんな時、どうすればいいのか？

ビニール袋を冷やすことで熱を抜いてやれば、さらに空気を詰められるようになります。空気の体積というのは冷やすと減るからです。それと同じように、星を作るほどの水素とヘリウムを集めるためには、それらのガスを冷やす冷却材が必要になってきます。

現在の宇宙に存在している炭素や酸素といった重元素、あるいは宇宙塵などはいろんな波長の光を発することができるため、冷却材としてとても効率がよいのですが、初期宇宙にそのようなものは存在していませんでした。あるのは、水素とヘリウムだけ。

その限られた材料しかない宇宙の初期に唯一作れる冷却材は、水素と水素が結合した水素分子だけなのです。そして、水素分子を作るためには、化学反応を起こさないとならない。その化学反応が起きるためには、水素原子同士を激しくぶつけないといけない。つまり、最初は温めないとならないのです。

冷やすために、まずは高温にならないといけないというのも変な話ですが、事実なので致し方ありません。星が生まれるまでは長い道のりとなります。

こうやって解説すると非常に複雑で難しい話のように感じるでしょうが（実際に難しい話ではあるのですが）、じつは宇宙に最初の星が誕生するさいの現象だけを見れば、とても単純というか、嘘みたいに上手くできているのです。

ダークマターがある一定の質量の塊となって、水素とヘリウムを集めていくと、ダークマターの器のなかに押し込められた水素とヘリウムは重力により圧縮され高温になっていきます。高温になれば、水素元素が化学反応を起こし、水素分子となります。

そうやってできた水素分子は、まわりの水素やヘリウムと衝突し、そのさいに得たエネルギーを光（電磁波）として放出することで周囲を冷やします。先に解説したように、冷えれば、よりいっそうの水素とヘリウムを集めることができるのです。

ようするに、ダークマターが必要十分な質量を持つようにさえなれば、この自動冷却装置が働き、星が作られるということになります。

では、もし冷却装置が働かなかったらどうなるのか？

高温のままだと、水素とヘリウムが縮んでくれず、もやもやと熱いガスがダークマターのまわりを取り巻いているというだけの状態となります。非常に濃いガスの塊となっているものを星と呼びますから、もやもやの状態では、いつまで経っても星は誕生しないということになります。

ちなみに、こういう話は昔から知られていて、京都大学の研究者が１９６０年代の時点で、「宇宙初期には水素分子を作って冷やしましょう。そうしないと何事も起こりません」という話をしています。

もっとも、心配するまでもなく、水素分子による冷却装置は自動的に働きますから、星はできますし、だからこそ現在、夜空にたくさん星が輝いているわけです。

しかし、なんでこんなよくできたシステムがあるのかというのは、正直、よくわかりません。物理法則というのは、そういうものだというしかないでしょう。

本当に私たちの宇宙というのは、よくできています。

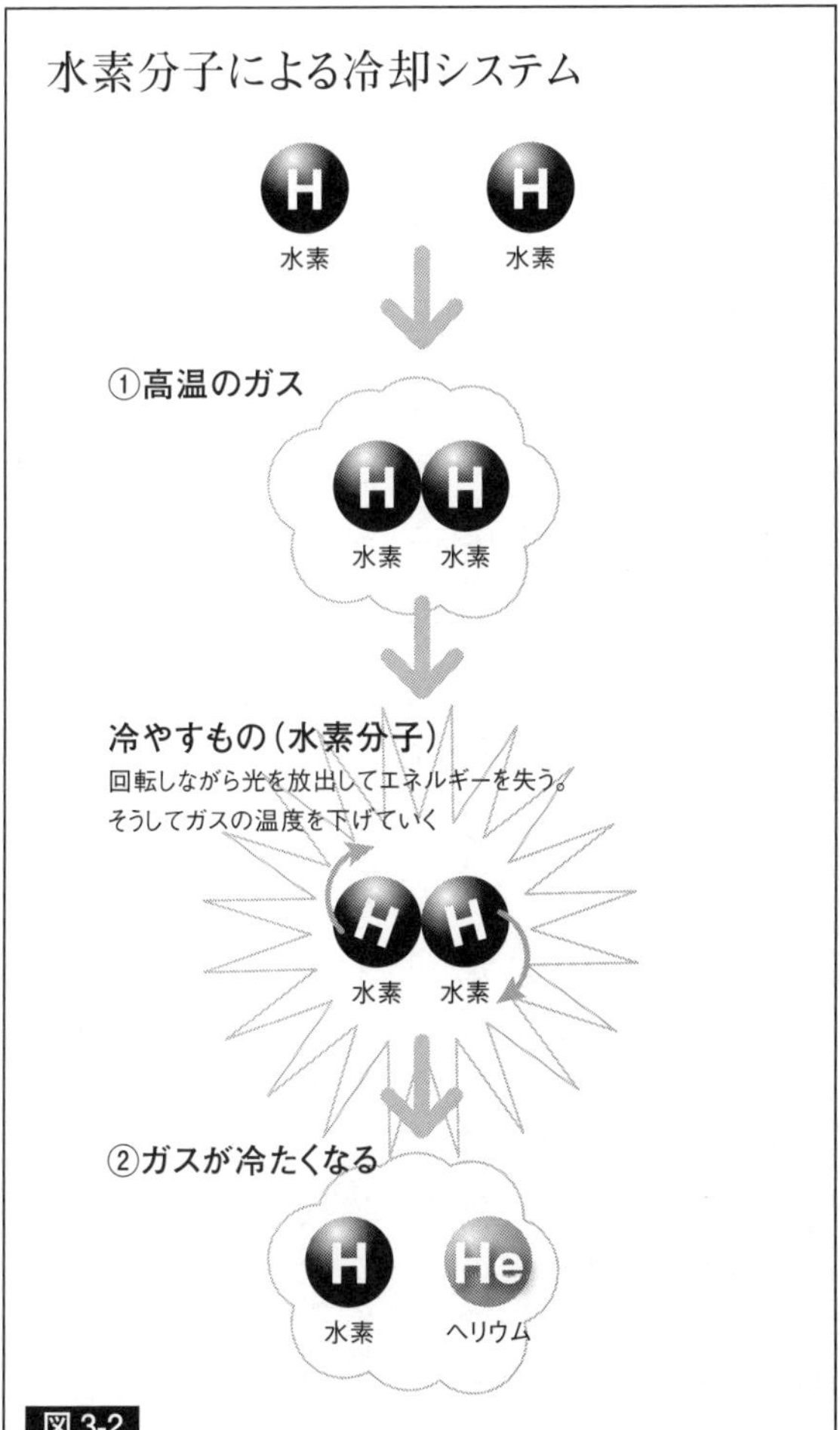
水素分子による冷却システム
水素
水素
①高温のガス
水素
水素
冷やすもの（水素分子）
回転しながら光を放出してエネルギーを失う。
そうしてガスの温度を下げていく
水素
水素
②ガスが冷たくなる
水素
ヘリウム

図3-2

儚い命のファーストスター

ファーストスターが誕生したのは、宇宙が始まってから1億年から5億年の間ぐらいの時期だとされています。平均的には3億年と考えていいでしょう。

この3億年という数字には根拠が2つあります。

ひとつは、ちょうどこのころ膨張により宇宙が冷え、ガスの動きがおとなしくなったことで、ダークマターの重力によってそれらの星の材料を集めることができるようになったということ。もうひとつは、このころようやくダークマターが水素とヘリウムを集められるだけの大きさに成長しているということです。

温度的にも時間的にも、宇宙誕生から3億年ぐらい経たないと星は作れないのです。

1億年から5億年と幅があるのは、宇宙におけるダークマターや元素の分布にむらがあるため、条件が均一ではないからです。はじめから少しだけ濃いところでは1億年ぐらい、薄いところでは3億年以上かかったと考えられています。

その1億年から5億年の間に、ファーストスターは宇宙のあちこちにポツポツと誕生しだします。つまり、ファーストスターと言っても、最初に星が1個だけできて、そこからいま宇宙にある星が全部生まれたというわけではありません。宇宙全体のなかで、同時多発的にファーストスター（たち）は誕生したのです。

もちろん、同時多発とは言っても、いっぺんにポンと宇宙全体にファーストスターが生まれたわけではなく、時間差はありますから、「本当の最初の」ファーストスターというのも存在していたでしょう。ですが、それがいつどこでできたのかは特定できません。

では、ファーストスターはいくつぐらいできたのでしょうか？

正確なことはわかりませんが、おおよそ1万光年立方の空間に1個の割合で誕生したと考えられています。

ちなみに、現在の宇宙では場所にもよりますが、10万光年サイズの銀河の中に星は1千億個ほどあります。それに比べれば、ファーストスターの数はずいぶん少なかったと言えるでしょう。

さて、ファーストスターが誕生したとき、それがどのくらいの大きさだったのかというと、これは非常に難しい問題です。

なぜなら、先にも記したように、「星（天体）」というのは、あるガスの塊を指していうものですが、ファーストスターの場合、水素とヘリウムのガスが周囲にダラーっと広がっている状態にあり、境界線をさだめづらいのです。

最初に生まれたばかりの頃には、ガスの中心には密度が高い部分があります。これはいわば、星の種というか、星の赤ちゃんのようなものです。

この星の赤ちゃんは、私たちの太陽の100分の1程度の質量のものですが、明るさとしてはじつは太陽と同じぐらいだと考えられます。しかし濃いガスの奥深くにあるため、外からは見えないでしょう。

それから、ファーストスターは、1000年から1万年ぐらいの間に太陽の30倍から100倍程度の質量に成長します。

このようにして完成したファーストスターの寿命は、200~300万年ほどだと考えられています。私たちの太陽はすでに50億年以上にわたって輝き続け、さらにこの先50億年は存在する予定ですから、それに比べれば、ファーストスターは儚く短い命の星です。

誕生してから200~300万年ほど経つと、ファーストスターは寿命を終え、超新星爆発を起こします。そのときに、それまで星の内部の核融合で作られた元素――酸素や炭素や窒素――を宇宙にばら撒きます。それらの元素は、水素元素やヘリウム元素よりも重いことから、重元素と呼ばれています。

このファーストスターの超新星爆発により、はじめて宇宙に、水素とヘリウム以外の元

誕生したファーストスター

ファーストスター

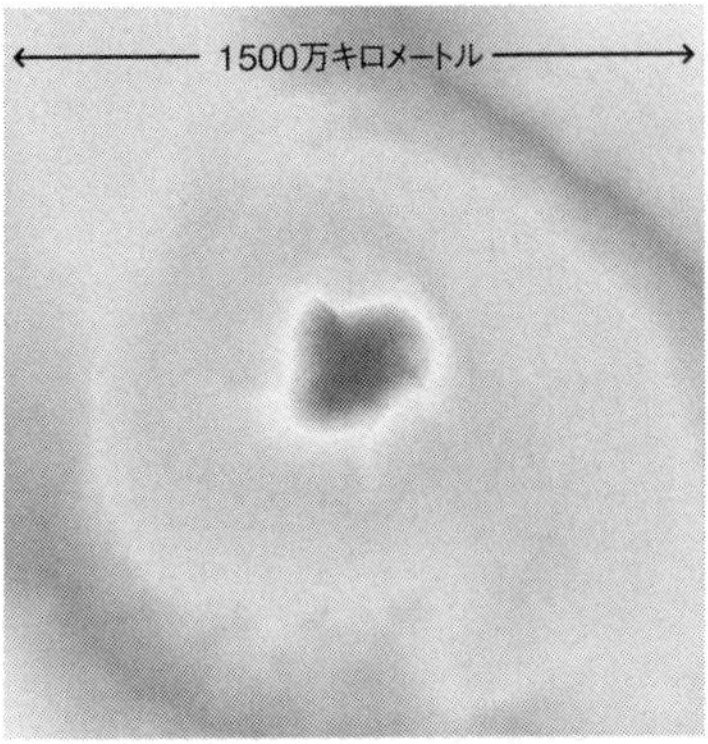

生まれたてのファーストスター周辺のガスの様子。
中央の濃い部分が生まれたてのファーストスター

図3-3

素が存在し、広がるようになったのです。そして、それが次の世代の星の材料となり、やがて私たちの命を形作る素となっていきました。

ファーストスターの超新星爆発による重元素の拡散を、天文学の専門用語では、重元素汚染といいます。水素とヘリウムしかなかったシンプルな宇宙を、多様な重元素で汚したというイメージでしょう。しかし、重元素がなければ、私たちも存在しないわけですから、「汚染」というのは少々ひどい言い方のような気もします。せめて、「重元素補給」と言って欲しいものです。

ところで、先に「ファーストスターは宇宙のあちこちに同時多発的にポツポツと誕生した」と記しましたが、これは宇宙にこれだけの数の星があることからの推論です。1個のファーストスターの超新星爆発だけでは、宇宙全体に重元素をいきわたらせることはできないだろうと考えられているのです。

鉄より重い元素は第2世代以降の星によって作られた?

ここで、もう一度、ファーストスターの定義を整理します。

ファーストスターとは、宇宙が誕生したときに存在した水素とヘリウムをダークマターが重力によって集めてできた星のことです。このファーストスターのことを、第1世代の星という言い方もします。

そして、ファーストスターは核融合により、さまざまな重元素を作り出し、それを超新星爆発によって宇宙にばら撒きます。そのばら撒かれた重元素によって、第2世代の星が誕生していくのです。

しかし、この第2世代の星がどうやってできたのかは、はっきりとはわかっておらず、天文学の最先端の研究課題となっています。

第2世代の星は、第1世代と同じように、ダークマターが重元素を集めて作ったのかもしれないのですが、もしかしたらダークマターは関係しておらず、第1世代が爆発した時に周りのガスが自然に集まってできた可能性もあるのです。

それから、星の生成に関してはもうひとつ、大きな謎があります。

じつは、ファーストスターが非常に大きかった場合、最期の爆発のさいの核融合では、鉄よりも重い重元素は作れないのです。

でも、私たちの宇宙には、金や銀や銅、ウランなど、鉄より重い重元素が溢れています。

それらは、第2世代の星の内部で作られ、その第2世代の星が超新星爆発を起こしたときに、宇宙にばら撒かれたのだと考えるしかありませんが、正確なことはわかっていません。

そして、私たちの太陽には、鉄よりも重い元素が含まれています。そうすると、何らかの作用により第2世代の星によって作られた鉄より重い重元素が宇宙にばら撒かれ、私たちの太陽などを作ったということになるでしょう。そのため、私たちの太陽は少なくとも第3世代以降の星ということになるでしょう。

ちなみに、惑星を作ることができるのは、第2世代以降の星と考えられます。水素とヘリウムだけでできている第1世代の星（ファーストスター）では、地殻を持った惑星を作ることはできず、せいぜい作れたとしても、水素とヘリウムのガス球ぐらいですが、それ自体もそのような形で保持することは難しかっただろうと考えられています。

この星の世代というものを、整理して並べてみると、次のようになります。

1　第1世代の星——ファーストスター。宇宙の初期に存在した水素とヘリウムだけで構成されており、爆発のさいに内部で鉄までの元素を作る。

2　第2世代の星——ファーストスターが作った元素をもとに構成されており、内部で鉄より重い元素を作る。

3　第3世代以降の星——私たちの太陽に代表される星。鉄よりも重い元素を含んでいる。

もっとも、このように星の世代が第1から第3に分けられていると言っても、3回しか世代交代をしなかったということではありません。

原理的には重元素を吐き出すような星の寿命はだいたい３００万年から1千万年ですので、1千万年を10回くり返すと1億年。宇宙の歴史は１３７億年ですから、千世代は交代していることになります。

もちろん、何十億年と寿命の長い星もありますから、私たちの太陽が何世代目か正確に知ることはできないと思います。

重元素の割合が極端に高い星が存在しないという不思議

さて、天文学上の星の分類の仕方としては、先に紹介した第1世代から第3世代……という時系列で分ける方法のほかに、種族Ⅰ、種族Ⅱ、種族Ⅲという分類の仕方をすることもあります。

こちらのほうは、銀河系の中での分布や、星に含まれた重元素(金属)量による分類方法で、おおざっぱに言えば、私たちの太陽やその近傍の星たちを種族Ⅰとして、それよりも重元素が少ない星を種族Ⅱ、まったく重元素がない星を種族Ⅲとしています。

この決まりからすれば、第1世代の星=種族Ⅲと対比させることもできます。

ただ難しいのは、厳密に定義すれば、第1世代の星は、宇宙に最初にあった水素とヘリウムだけで作られた星のことを言いますので、もし最近になって水素とヘリウムだけでできた星が誕生したとしても、それは種族Ⅲではありますが、第1世代の星とは呼べないのです。

つまり、ファーストスター=種族Ⅲではあるのですが、種族Ⅲの星≠第1世代の星ということになります。

理論上は、いまの宇宙でも水素とヘリウムとダークマターだけでできた種族Ⅲの星ができる可能性はあります。極端なことを言えば、明日、そういう星ができてもおかしくはない。

しかし、興味深いことに、そのような星はいまだに一つも見つかっていません。宇宙の初期にできたファーストスターが望遠鏡の限界から現時点で観測できないのは当然ですが、いっさい金属を含まない種族Ⅲの星そのものが実際に見つからないというのは、宇宙

星の世代と種族

第1世代の星

ファーストスター。宇宙の初期に存在した水素とヘリウムだけで構成されており、爆発するとき内部で鉄までの元素を作る

第2世代の星

ファーストスターが作った元素をもとに構成されており、爆発するとき内部で鉄より重い元素を作る

第3世代以降の星

私たちの太陽に代表される星。鉄よりも重い元素を含んでいる

≒

種族Ⅲ

まったく重元素がない星

≒

種族Ⅱ

種族Ⅰよりも重元素が少ない星

＝

種族Ⅰ

私たちの太陽

図3-4

にすぎません。

の大きな謎のひとつとなっています。だから、種族Ⅲの星はいまの段階では理論上のもの

星の種族に関しては、もうひとつ不思議なことがあります。

種族Ⅰにカテゴリーされている私たちの太陽は、重元素が多いと言っても比較の問題に過ぎず、98・31％は水素とヘリウムでできています。重元素の割合は２％程度。そして、どういうわけか、重元素の割合が太陽よりも極端に多い星というのはいまのところ宇宙で見つかっていないのです。

10％の重元素を含む星が見つかったなどということは皆無で、せいぜい太陽の倍程度の3～4％ぐらいが、もっとも重元素の割合が多い星となっています。理論上は、ほとんど金だけでできた星（塊）だとか、鉄だけでできた星（塊）というのがあってもおかしくはないのですが、不思議なことにない。

この先、さらに星が世代交代をくり返して行くと、もっと重元素の多い星が誕生するのかもしれませんし、もしかしたら、私たちの太陽が星の進化の最終形なのかもしれない。ここは、今後の研究課題となっていくでしょう。

しかし、もしも太陽よりも極端に重元素の多い星が見つかったらとしたら、それを世代

として第XX世代と呼ぶのは構わないのですが、種族でいうと種族0とでも呼ぶこととなり、そのあとで、さらに重元素の多い星が見つかった場合、困ることになるかもしれません。

数年後にはファーストスターを直接観察できるかもしれない

ここまでこの章では、ファーストスターがどうやって誕生したのか、そして星はどうやって進化してきたのかということについて見てきました。

最初にも触れたように、ファーストスターが誕生したころの宇宙は「クリーン」ですから、理論によってかなりの部分が解明できます。ですが、それ以降の星の進化については、それこそ宇宙が重元素汚染によって「ダーティ」になっていますから、理論ではすっきり解明できないことが多い。

ところで最近、うみ蛇座のしっぽの部分にあるHE1327―2326という星をすばる望遠鏡で観測し、そのスペクトルを分析したところ、質量が太陽より少し軽い程度の星であるにもかかわらず、鉄の分量が太陽の30万分の1しかないことがわかりました。つまり、HE1327―2326は種族Ⅱの星なのです。

しかも、この星は、130数億年ほどの寿命を持っている、宇宙のかなり早い段階で生まれた第２世代の星であることも判明しています。

もし、この星を詳しく研究すれば、第２世代以降の星の進化について、もっと色々なことがわかるようになるかもしれません。

さらに面白いことに、この星は地球からたった４０００光年という近い場所に存在しています。このことは、宇宙のあちこちで星が同時多発的に誕生したということの証明になるかもしれませんし、将来、この星まで宇宙旅行に行って観測できれば、星の誕生の条件や進化について、より具体的なこともわかるかもしれません。

もちろん、それは遠い未来のことになるでしょうが……。

第２世代以降の星に関しては、未来まで待たなくてはなりませんが、ファーストスターの研究については、それほど待たずに期待できることがあります。

最新の望遠鏡による成果で、１３２億光年ほど遠くの星の観測に成功したことは「はじめに」で触れた通りです。ようするに、ファーストスターの誕生の直後まで、観測は伸びています。

そして、２０１５年には、ハッブル宇宙望遠鏡の後継機として、ＮＡＳＡがジェイムズ・ウェッブ宇宙望遠鏡というものを打ち上げる予定となっています。この宇宙望遠鏡の第一

ハッブル宇宙望遠鏡

ジェイムズ・ウェッブ宇宙望遠鏡

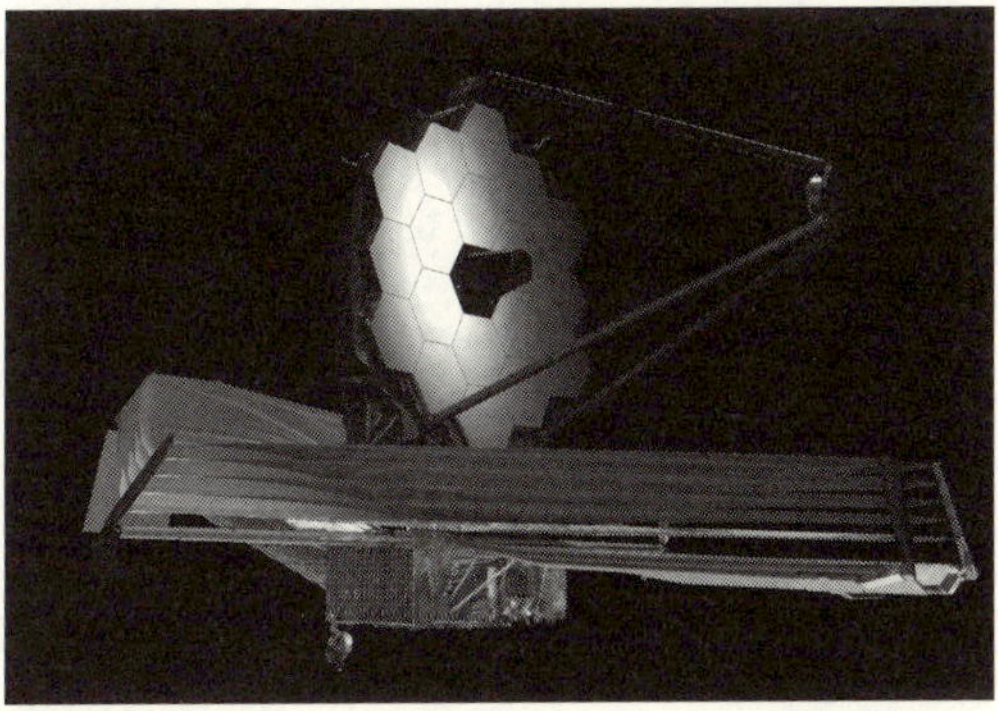

写真提供：NASA

図 3-5

の目的は、生まれたての銀河の姿をとらえることですが、ファーストスターの光を掴まえることもできるかもしれません。

あるいは、ジェイムズ・ウェッブ宇宙望遠鏡がダメでも、近い将来、月に直径100メートルの望遠鏡を作るなどすれば、ファーストスターを直接観測することも可能になるはずです。そうなれば、理論と観測の両方によって、ファーストスターを捉えたことになりますから、それにより「宇宙で最初の星」の研究については一段落することになるでしょう。

それでは次の章では、ファーストスター、および初期宇宙について、私が具体的にどのような研究をしてきたのか、そしてそれに深くかかわっている、コンピュータや望遠鏡の進化などについて紹介していきたいと思います。

第4章　ファーストスター誕生の瞬間

星の誕生をコンピュータで再現する

この本のなかで、ここまで何度か、「私の専門分野のひとつは、宇宙で最初に誕生した星＝ファーストスターの研究です」と書いてきました。

では、具体的にどのような研究をしてきたのか？

ひと言でいえば、私がやってきたのは、「宇宙に星が誕生する過程をコンピュータ・シミュレーションで再現する」ということです。

第2章で解説したように、星のことを確かめたいと思っても、実験室で実際に星を作ることはできません。かといって、最初に星ができたときの宇宙を観測することも、現時点ではできない。

そういう意味で、星の誕生のしかたを物理学の理論を用いて実際に検証しようと思ったらコンピュータ・シミュレーションによって再現してみるしかないのです。幸運なことに、ファーストスターの誕生は、コンピュータ・シミュレーションに非常に適してもいます。

シミュレーションをするには、計算をはじめる上での初期条件がはっきりしていなければなりません。つまり、星が誕生する前の、宇宙の物質の分布状況などがわかっている必要がある。もし、そこが不明のままですと、その先の計算のしようがないのです。

幸いなことに宇宙マイクロ波背景放射の観測成果などにより、宇宙の初期状態のことはかなりわかっています。初期状態さえわかれば、あとは前章で解説したように、ダークマターが水素とヘリウムを集めて星となっていく過程を、計算によって再現することができます。

もしこれが、50億年前に私たちの太陽がどうやって作られたのか、あるいはアンドロメダ星雲などがどうやって作られたのかをコンピュータ・シミュレーションによって再現しようとしても、そう簡単にはいきません。

なぜなら、そのころの宇宙がどのようになっていて、どのような物質分布になっていたのか、正確なことが、さっぱりわからないからです。前に記したように、太陽系や銀河ができたころの宇宙は「ダーティ」なのです。そして、初期条件がわからなければ、シミュレーションのしようがないということとなります。

ちなみに、私は大学を卒業するまでは、航空宇宙工学を学んでおり、そこでは空気抵抗を確かめるための風洞実験などが行われていました。私自身風洞実験に携わったこともあります。航空宇宙工学の場合は、実際に飛行機やロケットの小型の模型を作って風洞実験をすることもありますが、最近では多くの部分をコンピュータ・シミュレーションが担っています。コンピュータ・シミュレーションの結果の確からしさと精度を一度確かめてしまえば、あとはさまざまな状況を風洞で再現するのではなく、コンピュータ上で行えばよいのです。そのときの経験が、ファーストスターの研究のさいも活かされたといえるでしょう。星や銀河の形成シミュレーションでは、地上で確かめた物理過程を宇宙の現象に適用するのです。

私がコンピュータでファーストスター誕生のシミュレーションをはじめたのが２００１年のこと。そして、それが一応の成果を挙げたのは、２００８年のことです。

その約７年の間、私が行っていたシミュレーションを、宇宙論的N体シミュレーションといいます。

「広がる宇宙のつぶつぶたくさんシミュレーション」

シミュレーションをはじめるさいには、まず、コンピュータ上の仮想空間に広さの設定をします。

ファーストスターの場合は、だいたい一辺10万光年ぐらいの領域に設定する。もし、もっと大きな宇宙の大規模構造を調べたいときなどは、何億光年、何十億光年といった領域を設定しますが、星は宇宙規模で見れば非常に小さいので、これぐらいの大きさの領域が適切です。

領域を設定したあとは、そこに10億個のつぶつぶ（粒子）を配置します。このつぶつぶは、星を作る材料となる水素とヘリウムとダークマターを表しています。コンピュータ上で、つぶつぶの種類をその3つにわけてもいいのですが、私は水素とヘリウムをひとつのガスの粒とし、ダークマターを別の粒として、2種類に設定しました。粒子といっても水素やヘリウムの原子に対応しているわけではありません。一つの粒子の質量はなんと地球の100倍から1000倍にもなり、私たちの普段の感覚で考えると非常に巨大なガスの塊に対応します。ただ、天文学で行われるシミュレーションの中では格段に小さな値になっていて、その分、解像度が高いのです。

これらの多数のつぶつぶを仮想的な宇宙空間にばらまきますが、その割合は、先にも紹介した宇宙マイクロ波背景放射の観測結果に基づいて決めます。宇宙マイクロ波背景放射によって初期宇宙には物質の濃いところと薄いところがあることがわかっていますから、濃いところの粒の数を多くし、逆に薄いところにはまばらに分布させることで対応させます。

これで初期条件の設定は終りです。

あとは、前章で説明したように、星の生成にかかわる力でもっとも重要なのは重力ですから、10億個のつぶつぶのひとつひとつに対して重力計算をしていく。もちろん、この計算は、ダークマター同士、ガス（水素＋ヘリウム）同士、そしてガスとダークマターの間に働く力と、すべての粒子に対して行います。そして、個々のつぶつぶの位置と速度の変化を追っていけば、どのようにつぶつぶが寄り集まっていき、星が誕生するのか、その過程を再現することができるというわけです。

これが、宇宙論的N体シミュレーションのおおまかな中身です。重力による粒子の動きをシミュレーションするため、重力N体計算とも呼ばれています。

ちなみに、「宇宙論的」というのは、現在私たちが認識している「膨張する宇宙」のことで、「N体」とは、「たくさんの粒子（つぶつぶ）」ということを難しく言っているだけですから、このシミュレーションは、「広がる宇宙のつぶつぶたくさんシミュレーション」と言い換えてもいいでしょう。

さて、先に星を作るさいに重要な力は重力であり、一個一個のつぶつぶにその重力計算を当てはめていくと説明しました。ですが、実際にシミュレーションを行うときは、もう

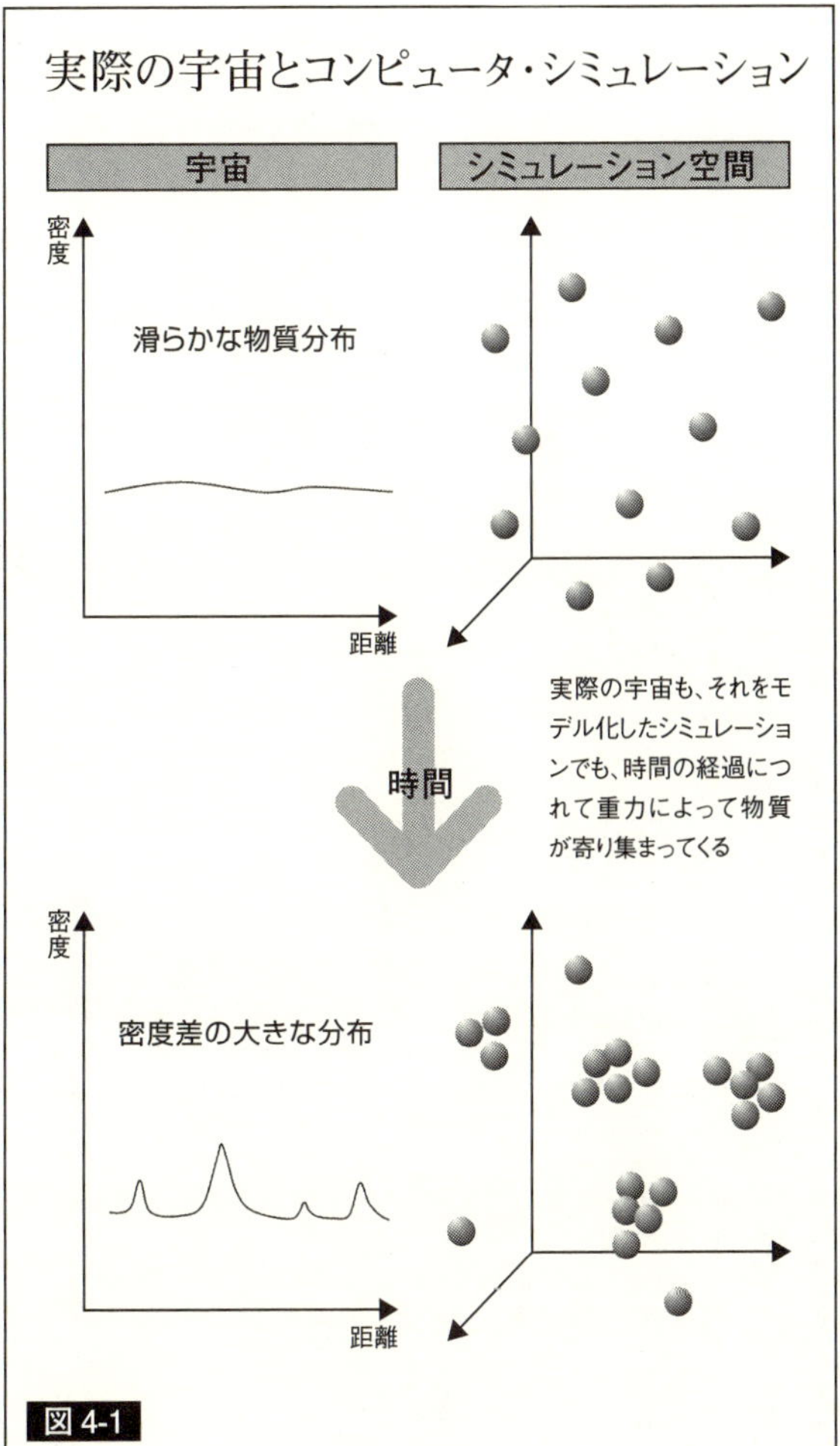
実際の宇宙とコンピュータ・シミュレーション
宇宙
シミュレーション空間
密度
滑らかな物質分布
距離
時間
実際の宇宙も、それをモデル化したシミュレーションでも、時間の経過につれて重力によって物質が寄り集まってくる
密度
密度差の大きな分布
距離

図 4-1

何本かの計算式が必要になっていきます。
重力計算式を含めて、計算式は全部で7本となり、それは次のようなものです。

①重力の計算式
②ガスの密度の進化の式
③X軸に対するガスの速度
④Y軸に対するガスの速度
⑤Z軸に対するガスの速度
⑥ガスの温度
⑦宇宙の膨張の式

基本的には、すべてのつぶつぶに対して、これら7本の計算式を解けば、ガス（水素＋ヘリウム）とダークマターの全体的なふるまい方がわかります。ちなみに、ダークマターは謎の物質で、微視的な素粒子だとしてもその質量さえわかってはいませんが、分布状況はわかっており、面白いことに星の誕生のシミュレーションには、それでじゅうぶんなの

シミュレーション初期の基本的な計算式

①	$$F = \sum_j G \frac{Mm_j}{r_j^2}$$	重力の計算式
②	$$\frac{\mathrm{d}\rho}{\mathrm{d}t} + \rho \nabla \cdot v = 0$$	ガスの密度の進化の式
③	$$\frac{\mathrm{d}v_x}{\mathrm{d}t} = -\frac{1}{\rho}\frac{\partial P}{\partial x} + f_x$$	X軸に対するガスの速度
④	$$\frac{\mathrm{d}v_y}{\mathrm{d}t} = -\frac{1}{\rho}\frac{\partial P}{\partial y} + f_y$$	Y軸に対するガスの速度
⑤	$$\frac{\mathrm{d}v_z}{\mathrm{d}t} = -\frac{1}{\rho}\frac{\partial P}{\partial z} + f_z$$	Z軸に対するガスの速度
⑥	$$\frac{\mathrm{d}U}{\mathrm{d}t} = -\frac{P}{\rho}\nabla \cdot v - \frac{\Lambda}{\rho}$$	ガスの温度
⑦	$$\left(\frac{\dot{a}}{a}\right)^2 = H_0^2\left[\frac{\Omega_{\mathrm{m}}}{a^3} + \Omega_\Lambda\right]$$	宇宙の膨張の式

図 4-2

です。定義上、ダークマターは余計なことをしない、つまり普通の物質と化学反応をおこしたりしないので、その分取り扱いがむしろ簡単になります。

ところで、10億個のつぶつぶ一つ一つに対して、7つの計算をしないといけないという と、非常に面倒なことのように感じる人も多いかもしれません。

確かに面倒と言えば面倒ですが、それぞれの計算式は単純ですし、あとはそれをひたすらくり返していけばいいだけですので、ほかのコンピュータ・シミュレーションに比べれば、概念的にはとてもすっきりしていて、楽なものです。これが、「クリーン」な初期宇宙の良さと言えるでしょう。

……もっとも、シミュレーションの初期にはこの7つの計算式だけでいいのですが、コンピュータ上で時間を進めて行くにつれ、さまざまな状況の変化が生じ、必要な物理プロセスの数も増えてきますから、最終的にはつぶ1個あたりの計算式の数は100個ほどとなります。

そのことについては、のちほど詳しく解説します。

ともあれ、この宇宙論的N体シミュレーションによって、コンピュータ上に見事、星は誕生しました。つまり、これまでにさまざまな観測事実や簡単な理論モデルで考えられてきた、初期の宇宙に星が誕生するということが正しいと確かめられたのです。そしてまた、コンピュータ上に星が生まれたのは、シミュレーションを宇宙誕生時から初めて時間を3億年ほど進めたときのことでしたから、これも現在考えられている宇宙の進化状況ときれいに合致していたわけです。

しかし、研究をはじめてから最終的な結論が出るまでに約7年間かかり、それまでには数々の試行錯誤もありました。次に、そのことについて触れたいと思います。

約400回くり返したシミュレーション

すべての数値と計算式を完全に整えた状態で、宇宙論的N体シミュレーションを行った場合、高性能なコンピュータをフル稼働させて約1ヵ月ほどで、ビッグバンから星の誕生までを計算することができます。

しかし、その「すべての数値と計算式を完全に整えた状態」まで持って行くのに、膨大な時間と試行錯誤が必要なのです。

私がファーストスターの研究をはじめたのが2001年で、ひとまず一定の成果を挙げたのは2003年のころのことでした。と言っても、星の誕生にたどり着いたわけではなく、最初にできたのは、星のゆりかごともいうべきガスのかたまり、「分子ガス雲」です。

そこからコンピュータ上で時間を進めて、すぐに星の誕生にまでたどり着きたいところですが、そう簡単にはいきません。

ガスの塊ができて圧力が高まって行くと、その中で、いろいろなことが起こるようになります。例えば、水素やヘリウムが化学反応を起こし、ちょっとした光が発生したりする。すると、そのプロセスを再現するために、新たな化学反応の計算式をシミュレーションに取り入れなければならなくなります。

しかも、新たな化学反応の計算式を入れるとなると、その前の段階では重要ではなかったのかという疑問が出てきますので、最初からその式を入れて一からシミュレーションをやり直す。それからまたシミュレーションを進めていくと、新たな状況が発生しますから、また最初に戻って別の計算式を導入し、再度、一からシミュレーションをやり直すことになります。

もちろん、一番初めの7本の計算式だけでシミュレーションを進めようと思えば、進めることはできなくもなかったでしょう。実際、宇宙の大規模構造を計算するようなシミュレーションの場合、対象が膨大ですから、細かいことはいい加減にしています。そうでないと、進めようがない。

でも、星の誕生に関しては、そもそも詳細が重要な話ですから、現実の宇宙と可能な限り対応するよう、きちんと必要な物理プロセスをすべて表現していかなければならないのです。

結局、それをやろうとした結果、最終的には最初の7本に加えて、化学式が50本と、さらに物質はある段階から電磁波の交換というのをするようになるので、その計算式が50本で、計100本の計算式がシミュレーションに加わることになりました。

さらに言えば、どの化学反応式が必要かを確かめるのにも時間がかかります。

化学反応のなかには、ごく稀にしか起こらないこともあります。例えば、水素が3つ同時にぶつかるといったケース。これは、広い宇宙のなかで確率的には起こりえることなのですが、それがどの程度、星の誕生に関係しているか最初はわからない。

そこで、その計算を入れた場合と入れない場合で、シミュレーションをしてみて結果が違うかどうかを確かめる。これをいちいちやらないとならないので、否応なく時間を取られてしまうわけです。当然、その途中では、単純な数値の入力ミスなどによる失敗もありますから、シミュレーションは遅々として進みません。

その意味で、まさに三歩前進二歩後退の7年間でした。それでも、たびたび書いているように、初期宇宙での星の誕生は「クリーン」な研究です。さまざまな要素が絡み合う銀河形成などのシミュレーションをしようと思えば、煩雑さはこの比ではないでしょう。

——これは余談ですが、ファーストスター誕生を再現するための宇宙論的N体シミュレーションのプログラムは、私は自分で組んでいます。基本的に研究者というのは、自分が使うプログラムは自分で作るのです。人の組んだプログラムを借りたのでは、自分なりの最先端の研究というのはできません。もし、みんなが同じプログラムでやるとなれば、ただのコンピュータのパワー勝負になってしまいます。

プログラムを組んだり、数式の計算をしたりというのは、実際はかなりの忍耐力を必要とする作業です。ですから、他の研究者や学生などを見ていて思うのは、いくら頭がよくても、やはりそういう作業には向かない人もいる。そういう人は、コンピュータ・シミュレーションではない方法で、研究を進めたほうがいいと思います。

私の場合は、いまは大学の講義に時間などを取られてしまい、なかなか思うに任せませんが、大学院生のころや研究員をやっていたころは、1日24時間、そういった作業に没頭していました。いま思うと、楽しくやっていましたから、やはり私は一種の変態なのでしょう。

さて、ファーストスター誕生のシミュレーションは、最終的には7年間で400回近く行ったと思います。

その間は、ひたすらシミュレーションの進み具合のチェックです。時間があれば1日10回ぐらいチェックするときもありましたし、私もこの研究以外のこともしていますので、忙しければ3日に一度ぐらいのときもある。それでも、つねに気にはなっていますから、飲み会のあと家に帰って寝てしまっても、夜中に目が覚めて、チェックすることもありました。

星というのは、お花や植物のように水をあげればある程度成長してくれるというわけではないので、たいてい3日ぐらいするとメチャクチャなことになっています。そこで、その原因を探り、改めて一からやり直すわけです。

宇宙論的N体シミュレーションによって、はじめて星の誕生にまでたどり着いたのは、300回目ぐらいのシミュレーションのときだったでしょうか。

「はじめて星がコンピュータ上に誕生するのを目にしたとき嬉しかったか？」と聞かれることが多いのですが、そのような感慨はありませんでした。「たぶん、これは間違っているだろう」というのが、そのときの正直な私の気持ちです。学者というのは、最初は何も信じないものなのです。

それから、そのシミュレーションが本当に正しいのかどうかを確かめるためのシミュレーションをまた100回ほどやりました。

例えば、私がこの星の赤ちゃんの研究成果を発表したとして、2年後に誰かが「こういう化学反応が入っていませんでしたよ」と、別の式を入れたら全然違う結果が出てしまうと困ります。そうはならないために、あらゆるケースを想定して、確かめ算をするのです。

もちろん、私たちが今までまったく知らなかった物理法則や化学反応があるとしたら、シミュレーションの結果も変わってくるでしょう。でも、それは、私にもどうしようもないことですし、おそらくほかの人にもどうしようもないので、気にしてもしかたがないことです。むしろ、シミュレーションのどの部分が自然（宇宙）と異なるのか、ということが明白となるので、それはそれで重要な科学の進歩につながります。

ちなみに、100回の確かめ算をして、その結果、「どうもこのシミュレーション結果は正しく、確かに星は生まれるのだ」と確信したときも、特別な感慨はありませんでした。そのころには、同じようなシミュレーションを繰り返しやり過ぎていて、飽き飽きしていたからです。その上、このような時間のかかる作業を繰り返していると、研究論文を発表するという、研究者にとってもっとも重要な活動も滞るので焦りなどもあり、精神的には疲れてくるものです。

ドラマチックな展開を期待する読者の方には申し訳ないのですが、たいていの学者は、淡々と粛々と研究を進めています。そして、多くの場合、目の前の結果を疑うことから思考や作業が始まるのだと思います。

10年で300倍進歩したコンピュータ

ところで、宇宙論的N体シミュレーションという手法は、私が考えたものではありません。1970年代ごろから天文学上のコンピュータ・シミュレーションとして、盛んに活用されてきたものです。

そういう意味では、古典的なシミュレーション方法といってもいいでしょう。

当初は、数百個の銀河を粒で表し、それらが重力相互作用によって銀河団を形成するかどうかを確かめるために、宇宙論的N体シミュレーションは使われていました。粒の数が100個程度しか扱えなかったのは、コンピュータの性能がまだ低かったからです。

それが、だんだんと進歩し、普通のパソコン数千台分の能力を持つスーパーコンピュータの登場などにより、扱える粒の数は飛躍的に増えていきました。その結果、私がファーストスターのシミュレーションでやったように、10億個やそれ以上の粒を扱えるようになったのです。

扱える粒の数が増えると、どういういいことがあるのか？

例えば、銀河のシミュレーションをする場合、扱える粒の数が少なければ、数百個の星の集団や大きなガス雲をまとめてひとつの粒で表すしかありません。そうすると、そこにあるのは銀河ではなく、「銀河のようなもの」に過ぎないということになります。しかし、もし扱える粒の数が増え、星1個1個を粒で表すことができれば、実際の銀河と一対一の関係となるので、ほぼ完全に本物の銀河を再現したことになるでしょう。

つまり、扱える粒の数が増えれば増えるほど、解像度が上がり、シミュレーションとしての精度が上がっていくのです。

コンピュータの進歩の速度は、おおよそ10年で３００倍ほどのペースで進んでいます。２０１０年代のうちに、扱える粒の数は1兆個を超えると予想されます。そうなれば、天の川銀河の星のひとつひとつを粒で表すことができ、完璧な銀河のシミュレーションがで

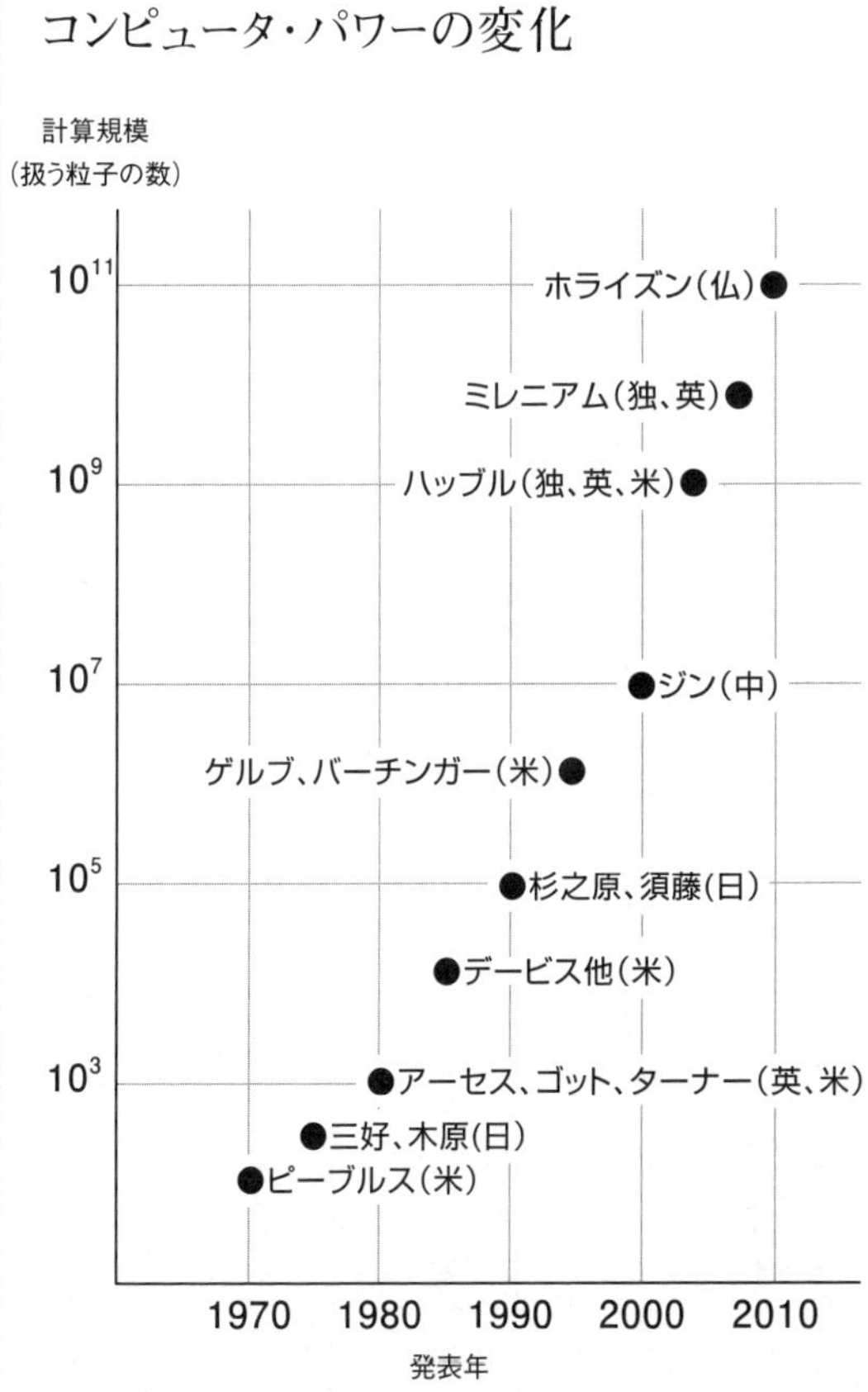

図 4-3 宇宙論的N体シミュレーション研究の発表年と計算規模の図。2000年代に入り急速に計算規模が上がっていることがわかる。おおよそ10年で300倍のペースで進化している

きるようになります。

さらに、このペースでコンピュータの性能が進歩していけば、いまから60年後、宇宙論的N体シミュレーションが始まってから一世紀経った２０７０年ごろには、10の23乗個の粒を扱えるようになるはずです。そうなれば、私たちが観測できる宇宙にある星すべてを粒で表すことができ、完全な「全宇宙シミュレーション」が可能となります。

ちなみに、コンピュータの進歩は、スーパーコンピュータがどんどんと高性能になっていくことだけとは限りません。

スーパーコンピュータとは大規模科学技術計算や軍事技術用の計算をするために特別に開発されたものですので、値段も高ければ、物理的なサイズもとても大きい。しかし、最近では、普通のパソコンを何十台も繋ぐことで、スーパーコンピュータに匹敵する計算を行うことのできる「ＰＣクラスター」というものが、研究の現場で活用されています。

スーパーコンピュータの数は少ないですし、研究に必要だから買おうと思っても、おいそれとは買えない。しかし、秋葉原などで売っているパソコンを繋ぐだけの「ＰＣクラスター」ならば、スーパーコンピュータに比べて安価で手軽、しかも能力はスーパーコンピュータとほぼ同等です。ですから、私のファーストスターのシミュレーションも、ほとんど「ＰＣクラスター」で行いました。

また、近ごろは、重力計算に特化された重力計算専用チップというものも開発されています。これは日本で開発されたもので、面倒な重力計算をこのチップがやってくれるおかげで、コンピュータのＣＰＵはほかの計算に集中でき、負担が軽減されるのです。

これらのコンピュータ技術の進歩に、私のファーストスター研究が支えられてきたのは間違いないと思います。

もし、私が10年生まれるのが早かったら、宇宙論的Ｎ体シミュレーションで星の誕生を再現するなどということは不可能でしたし、考えもしなかったでしょう。

そしてもうひとつ。近年の天文観測の進歩も、私がファーストスターの研究をするさいに、背中を大きく押してくれたものでした。

遠方クェーサーと極超低金属量星の発見、そしてＷＭＡＰの成果

ファーストスターの研究というのは、私が始めたものでもなんでもなく、１９６０年代ごろから既に研究分野としては存在していました。しかも、京都大学のグループなど日本の学者によって進められたような研究でもあります。

しかし、天文学の主流となる研究ではありませんでした。

なぜかといえば、宇宙の初期に誕生したファーストスターというのは、あまりにも昔すぎて（遠すぎて）、長年、観測天文学の範疇《はんちゅう》ではなかったからです。興味はあったとしても、観測で確認しようのないものを研究してもしかたがないだろうというのが、世界的な風潮でした。

もちろん、いずれは観測天文学のターゲットになるだろうという期待は、多くの天文学者も持っていました。ですが、それは将来の話ですので、いますぐ研究の対象にしなくてもいいだろうと考えられていたのです。これは、私が大学院で研究をはじめる直前までは同じような状況でした。

ところが、２０００年頃から、大型望遠鏡など観測機器の急激な発展により、ファーストスターに深くかかわる発見が次々と報告されるようになります。そのことで、アメリカやヨーロッパでも研究が盛んになり、この流れが、私の研究の後押しをしたことは確かでしょう。

ファーストスターに深くかかわる近年の観測成果は、大きく3つあります。

ひとつは、２０００年に遠方クェーサーという天体が観測されたことです。これは、

重力計算専用チップ

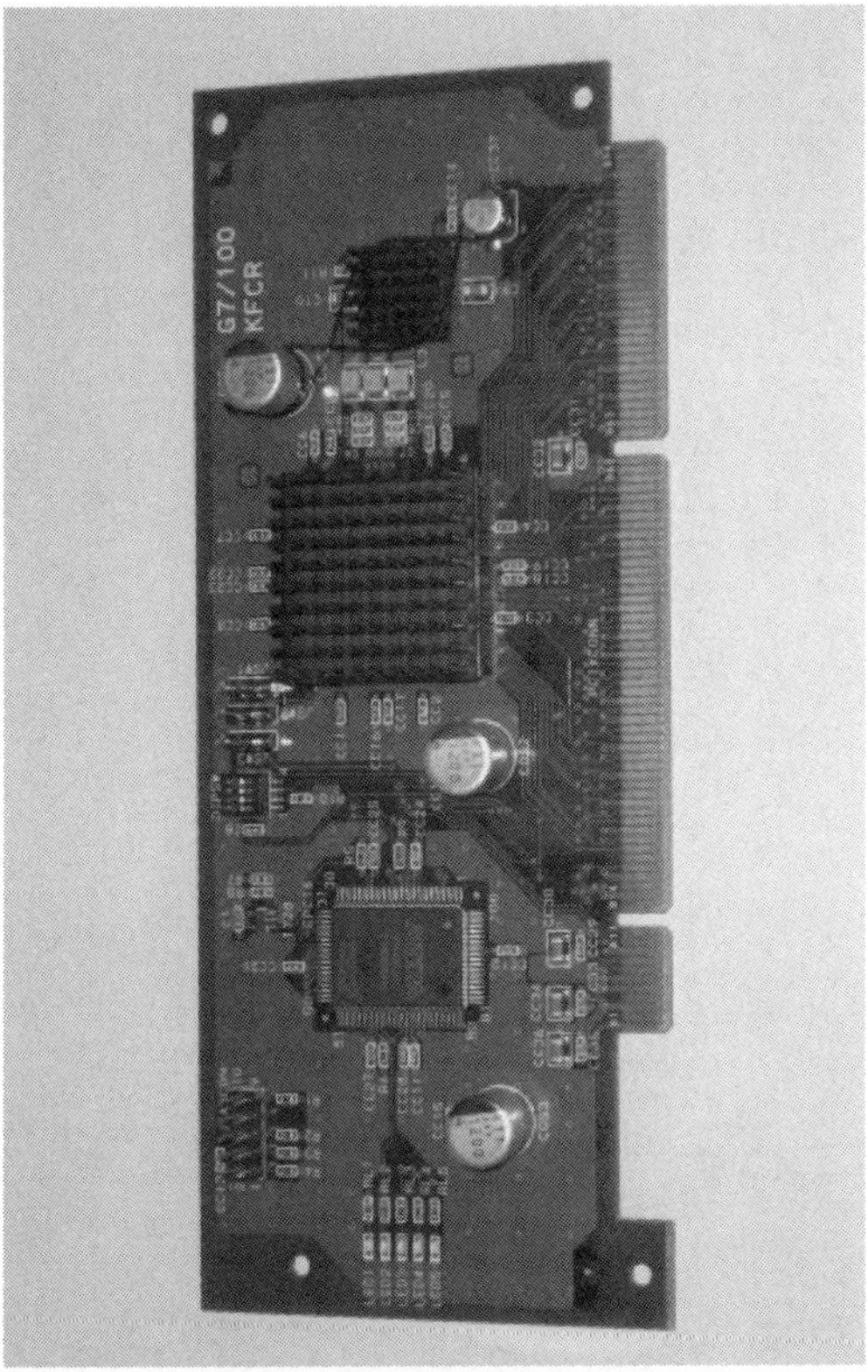

図 4-4 日本の研究チームによって1990年代に開発された重力計算専用チップ。これをパソコンに差すことによって重力計算速度が飛躍的に向上する

120億光年以上遠くにある非常に明るい天体で、中心には超巨大ブラックホールがあると考えられています。

宇宙の進化を考えると、そんなに明るいものはそう簡単には生まれません。宇宙は137億年前に何もないところからはじまっていますが、10億年ほど経つとそんなものができているわけです。そうすると、天体が突然できたわけはないので、その起源を考えたくなります。そこで、ファーストスターというのが注目を集めるようになったのです。

遠方クェーサーの発見に関しては、より専門的な意味でも多くの天文学者の注目を集めました。少々、難しい話になるのですが、クェーサーの発する光を分析した結果、宇宙がはじまって10億年ごろには、まだ中性水素が少し残っており、宇宙再電離という活動がまだあったに違いないということがわかったのです。

再電離というのは馴染みのない言葉だと思いますが、簡単に言えば、星の光によって星間ガス中の原子から電子がたたき出される現象です。これにより、星間ガスはプラズマ状態になります。宇宙がはじまって10億年よりも前には、そういう再電離を引き起こすような星がすでにたくさんあったに違いない。そこで、ファーストスターという最初の天体が、天文学者たちの関心の的となりました。

ふたつめは、第3章で紹介した、うみ蛇座のしっぽの部分にあるＨＥ１３２７－２３２６という星の発見です。この星がはじめて詳しく観測されたのは、２００２年のことでした。

鉄の量が太陽の30万分の1と少ないこの星は、もうほとんどファーストスターに近い星と言えますが、厳密に言えば種族Ⅱの星です。ですが、ファーストスターではないにしろ、おそらくファーストスターの痕跡を深く残していることは確かですので、種族Ⅲ＝ファーストスターへの研究の熱が世界的に高まっていったのです。

３つめは、２００３年にＷＭＡＰの最初の成果が出てきたことです。

ＷＭＡＰというのは、宇宙マイクロ波背景放射を観測するために、ＮＡＳＡが打ち上げた宇宙探査機です。これにより、宇宙がどの段階で再電離したのかが判明しました。つまり、星がいつ宇宙に誕生したのかが、おおよそわかるようになったのです。

ちなみに、ＷＭＡＰの観測データというのは複数回にわたって出されましたが、その一回目のときは、星が生まれたのは宇宙誕生から2億年ごろのことだろうという結果が出てきました。

理論的には、星が生まれたのは宇宙誕生から平均すると約4億年ですから、考えられていたよりも早く星が生まれたことになり、私は焦って、宇宙論的N体シミュレーションに極端な数値を入れてみて、無理やり観測データに合致させようとしたこともあります。ですが結局、WMAPが複数回観測した結果、データは常識的な範囲に収まったので、私のやったことは先回りしすぎたことになります。余談ですが、こういうとき、大御所の先生たちは非常に慎重で、WMAPの成果にすぐに飛びついたりしませんでした。私が若かったゆえの苦い経験です。

ともあれ、先に紹介したコンピュータの進歩と、いま紹介した最新の観測技術の成果によって、私のファーストスター研究が支えられてきたのは間違いのない事実です。

しかし、技術の進歩がただちに学問の進歩、あるいは深化に繋がるのかというのは、非常に微妙な話だと思います。

コンピュータの進歩=天文学の進歩ではない

コンピュータ上でシミュレーションを時間的にどこまで進められるかというのは、精度にもよりますが、基本的にはコンピュータの性能に依存しています。

私がファーストスターの誕生を宇宙論的N体シミュレーションでやったさいには、星の赤ちゃんが誕生するところまでで終わりとし、その先、宇宙にファーストスターがたくさん誕生するところまではやりませんでした。

これは、それ以上時間を進めようとすると、膨大な時間がかかってしまうからです。宇宙がまだシンプルだった初期状態ならば1億年進めるのも早いのですが、宇宙が複雑になればなるほど時間を進めるのが難しくなります。極端なことを言えば、コンピュータの中で3日進めようと思ったら、現実世界で1週間以上かかるという状態になってしまいます。1億年進めるのに、現実には3億年かかるとなれば、手の出しようがありません。

では、コンピュータの性能が格段に上がれば、時間を進めるのは簡単になるのでしょうか？

確かに、計算能力が上がれば、時間を進めることはいまより簡単になるでしょう。ですが、今度は人間の処理能力のほうが追いつかなくなってしまいます。シミュレーションを進めれば、かならず数値データになんらかの変化が生じます。そうしたら、その変化を分析し、意味づけし、理論的に解明しないとなりません。それには膨大な時間がかかるでしょう。

学問というのは、出てきた数値そのものにはあまり意味はなく、それがいったいどういうことなのかを考えるところに意味があります。だから、先にコンピュータは10年で

300倍進歩したと記しましたが、では天文学が10年で300倍進歩したのかというと、決してそうではないのです。

それは、私のファーストスター研究にもあてはまります。

宇宙に星が誕生するさいの物理学理論は私が考えたわけではありませんし、宇宙論的N体シミュレーションという手法も私が作ったわけではない。

ですから、年配の研究者の先生方から、「君のやったそれで、どれだけ天文学が進歩したのかね?」と聞かれたら、正直言って答えるのが難しい。へりくだって言えば、「いや、細かく再現して、確かめてみただけです」ということになってしまいます。

技術の進歩と学問の発展の微妙な関係

さて、技術の進歩と学問の発展の微妙な関係というのは、天体望遠鏡など観測機器についても同じようなことが言えます。

確かに、口径10メートルの望遠鏡により130億光年以上遠い星が観測できるようになったのは、進歩といえば進歩でしょう。しかし、それによって人間の宇宙観がどれほど変わったのかというのは微妙なところです。

例えば、第2章で紹介したエドウィン・ハッブルは、宇宙の膨張を発見して人間の宇宙観に多大な影響を与えましたが、彼が観測していたのはそんなに遠い宇宙ではなく、とても近い銀河の動きです。

あるいは、系外惑星の発見は、スイスのジュネーブ天文台にある1・9メートル望遠鏡によってなされました。1・9メートル望遠鏡などというものは、いろんな国にいくつもあるもので、大金持ちのアマチュアの天文愛好家なら買うこともできるでしょう。そんな望遠鏡でも観測方法の工夫次第では、系外惑星という大発見をすることもできるのです。

実際、天文学上の観測における大発見というのは、その時点での最新の望遠鏡によってなされたということは意外と少ないものです。反対に、最新の望遠鏡が開発されると、その一世代前の望遠鏡が空いて誰でも利用しやすくなりますから、それによって発見がなされることも多い。

コンピュータについても似たようなところがあり、最新の超巨大コンピュータを使ってやった結果、本当に理論的な進歩があったというのは意外と数少ないものです。国立の研究機関にあるようなスーパーコンピュータなどはユーザーの数も多く、普段はとても混んでいます。つまり自分の計算をするための順番待ちの時間も長いのです。それならＰＣクラスターや、研究所に置いてある普通のパソコンを自由自在に使うほうが、アイデアを活かした研究は進む可能性が高いのです。

とはいえ、技術の進歩を追い求めなくていいのかというと、そうとばかりも言えません。あまり、学問の本質的な発展といったことばかりを考えていると、何もできませんし、下手をすると誰も興味をもたないような研究になる危険性もある。ときにはやはり、そのときの最新の技術で、そのときできる最大のことをしなければいけないという側面も学問にはあるのです。このバランスは難しい話です。

私も含めて、天文学者、いや学者というのは、その難しいバランスを取りながら研究を進めていくしかないのでしょう。

壁にぶつからないと学問の発展はない

ところで、天文学の発展という意味においては、もしかしたらファーストスターのシミュレーションで、「どうやっても星ができませんでした」という結論が出てしまったほうが、学問的には大きな発見だったかもしれません。

宇宙論的N体シミュレーションを進めていっても星ができないのだとしたら、私たちの宇宙に関する認識がどこか根本的に間違っていたということになりますから、これは理論研究の一大転換点になったでしょう。

もっとも、そんな結果は、普通に考えれば、たんに計算を間違えただけだろうということになり、発表は難しいとは思いますが……。

ですが、私は何かの研究をするとき、それが失敗しても構わないと思って研究しています。失敗して、壁にぶち当たれば、そのことによって新しい物理学への道筋が示されるかもしれないからです。行き詰まりがなければ、研究の進歩もなく、次の展開も見えません。だから、学問というのは、こっちの道もダメだった、あっちの道もダメだったと、一個一個しらみ潰しにしながら発展していくものだと思います。

例えば近い将来、ダークマターの性質がわかって、それをいまの研究に入れ直してみると全然違う結論が出てくる可能性がある。そうすると、宇宙に関して、いろいろなことをすべて考え直さなければならなくなり、私がやったような研究はクラシックな話になってしまうでしょう。でも、学問としては、そちらのほうが非常におもしろい。

もし、私が死ぬときまで、「やはりファーストスターというのは、吉田さんが言うとおりにできたんですね」というままだったとすると、この分野では何の進歩もなかったということになりますから、本当は一番つまらないのです。それよりも、じつは私の研究が間違っていて、最初はダークマターだけの星みたいなものができて、そこからいろんなことが起こったといったようなエキサイティングな発展をしないと、その分野はダメだと思います。

それでは、次の章では、私自身、あるいは世界中の天文学者がいま関心を強く持っている天文学の最新の研究対象を紹介したいと思います。それらの研究は、まさに行き詰まる可能性が高く、それゆえ天文学を大きく発展させてくれる可能性があります。

第5章　ファーストスターのその次へ

宇宙で最初の銀河はどうやって作られたのか?

2008年で、私のファーストスター研究は一段落しました。標準理論モデルにもとづけば、我々の宇宙には確かに最初に星が生まれる。これに続く研究は現在世界中で行われていて、一体どんな星が生まれたのか、それを確かめるためにはどのような観測をすればよいのか、などがメインテーマになっています。私自身はその少し後の事をかんがえています。私が今取り組んでいるのは銀河の研究です。

第3章の冒頭でも軽く触れましたが、そもそも私が天文学を始めたときの関心は、銀河にありました。それも、宇宙の根元を探りたいといったような大それた興味ではなく、銀河というのはなんであんなに美しいのだろうというところから、私の研究は始まっています。

宇宙には色や形、大きさなどが異なる銀河が無数に存在しています。とくに、渦巻銀河は天体のなかでも、非常に美しいものです。そもそも、銀河の姿を人はどうして美しいと思うのか、これも不思議なことのように思います。

いずれにせよ、どうして宇宙にこのような美しいものができたのか？

それを知りたいというのが私の原点ですので、銀河の研究というのは、天文学者を志したスタート地点に戻ったということになります。また、銀河というのは星が集まって作られているものですから、ファーストスター研究の次の段階としては自然な流れだとも思います。これまでに発見された銀河の中で最も遠いものは我々から130億光年以上も離れたところにあり、ビッグバンの後5億年の頃に存在したらしいとわかっています。これらの最初の銀河（ファーストギャラクシー）はどのようにして生まれたのでしょうか。

研究の具体的な方法としては、やはりコンピュータ・シミュレーションということになります。銀河のような複雑な姿に迫るには、コンピュータ・シミュレーションしかない。今回も、宇宙論的N体シミュレーションで銀河を再現しようと考えています。

ですが、これがファーストスターのときのように、うまくいくかどうかは正直言ってわかりません。

現在の銀河よりも、最初の銀河のほうが研究対象としては多少「クリーン」だと期待できます。それでも、銀河というのは星よりも複雑であることは確かですから、初期の銀河のほうがまだましだと思ってやっているだけで、実際のところどうかはあやしいものです。

いま現在、私が実際に手がけている作業は、銀河形成を再現するための宇宙論的N体シミュレーションの初期設定の部分。いわば準備段階です。

ファーストスターのときは、あとからいろいろと足していったにしろ、最初の段階では一個一個の粒に入れる計算式は、７本ですみました。宇宙膨張を記述する式、重力を計算する式、ガスの振る舞いを記述する流体方程式が５つ、それらがもっとも基本的な式だったのです。

しかし、ファーストスターが生まれ、最期をむかえ、重元素が宇宙にばら撒かれたあとの宇宙で誕生した銀河の場合、解くべき計算式は７本どころではありません。

そのため、まずはファーストスターから炭素や鉄などの金属原子が出てきたとき宇宙はどうなるのかという、準備のための準備のような計算から始めます。

そうやっていま、つぶつぶ一個一個のパーツを作っているのですが、これは非常につまらない作業ですし、こんなことをやっていても銀河は再現できないのではないかという気もしています。

計算式が増えるということだけで言えば、数の問題だけなら人間はあきらめずにやっていればこなせるものです。あと残り３００個の計算式を入れないとならないといっても、１日に１個ずつ入れていけば１年で済みます。

それより問題なのは、銀河が誕生する際に一本のストーリーが描きづらいということなのです。

ファーストスターの場合でしたら、宇宙の初期はこうなっていて、水素元素とヘリウム元素とダークマターがこう動いたから星が誕生したという、シンプルできれいなストーリーが描けました。

ところが銀河の場合、要素が複雑になっていますから、一本のストーリーで説明するのが難しくなってくる。こういう条件ならこうなるし、こういう条件ならこうなりますといったふうに、ケースバイケースの話になってしまうのです。そうなると、美しくない。私があまり好きではない「ダーティ」な世界に近づいてしまいます。

私が、銀河など美しい天体に興味があるというのは、最終的には、そこに至るまでの一本のストーリーを見出したいという欲求が根本にあります。

宇宙の始まりからファーストスターの誕生までは、繋がった一本のストーリーが描けましたから、そこが私はとても気に入っていた。しかし、今度は、そのストーリーが描けるかどうかわからないのです。

最初の銀河だけでなく、理想を言えば、大まかでいいですから、宇宙の歴史全体を通して眺められるようなストーリーが欲しいと思っています。

このときに星が生まれて、再電離というものが起こり、銀河が生まれて、その中で太陽が生まれて、地球が生まれて、私たちが生まれましたという一本につながったストーリーが作れれば素晴らしい。でも、まだまだ最初の部分で、かなり込み入った話になってしまい、どうすればいいのか悩んでいるところです。

もっとも、宇宙にしろ、自然にしろ、そもそも人間がきれいに理解できるようなものではないかもしれません。私のやろうしていていることは、ないものねだりなのかもしれない。

そう思いつつ、宇宙で最初の銀河はどうやって作られたのかという研究を、いま私は進めています。

あらゆる銀河の中心に存在するブラックホール

銀河の研究と同時に、いま私が関心を持っているのはブラックホールの研究です。ブラックホールというのは、大小さまざまなものが宇宙に数多く観測されています。ですが、観測事実だけは次々と積み重ねられながらも、なんとなく理解が進んでいないもののひとつなのです。

そもそもブラックホールは最初にどのように生まれたのか？　どういう作用により大き

くなったのか？　それは物質を吸い込んだからなのか？　合体したからなのか？　そういったことがすべてよくわかっていません。

いわば、起源と成長についての、一本のストーリーが描けていない状態なのです。

そこで、ブラックホールがどのように作られるのかを、コンピュータ・シミュレーションで再現してみようと私は考えています。

ちなみに、ブラックホールというのは、たいていの銀河の中心に、必ず大きいのが1個あります。そういう意味では、珍しい天体でもなんでもない。銀河の数だけブラックホールはあります。いや、実際には銀河の中心以外にもありますから、銀河の数よりも多いことになります。

そして、先に紹介した銀河の形成にも、ブラックホールは深くかかわっていると考えられています。

ファーストスターができたときには、まだ宇宙にはブラックホールは存在しませんでした。ですが、ファーストスターは最後に死ぬ時にブラックホールになる可能性があるので、銀河の形成を考えるときには、ブラックホールも構成要素のひとつとして考えないとならなくなります。

そういう意味で、銀河の研究とブラックホールの研究は、同一線上にあるものといえるのです。

実際、銀河の誕生を宇宙論的N体シミュレーションで研究する場合、新たな粒として、ブラックホールも設定しなければなりません。ファーストスターのときは、ガスの粒とダークマターの粒の2種類だけでしたが、そこにブラックホールの粒も加わってくるのです。そうやっていくと、宇宙はどんどん複雑になり、まさに「ダーティ」になりますから、銀河形成のシミュレーションは、前途多難なわけです。

しかし、ブラックホールが宇宙に誕生するシミュレーション自体は、比較的、「クリーン」なストーリーが描ける可能性があります。なぜなら、ブラックホールの生成に関係しているのは基本的に重力だけだからです。つまり、計算が成り立ちやすい。

そこから銀河の形成にまでストーリーが繋がるかどうかはわかりませんが、ともあれ、ブラックホールの研究は現在私の中心テーマのひとつとなっています。

宇宙論的N体シミュレーションの限界

ところで、私は銀河の誕生に関しても、ブラックホールの誕生に関しても、ファーストスターのときと同じように、宇宙論的N体シミュレーションの手法で進めようとしています。

ですが、そのことに懐疑的な自分もいます。

第4章で解説したように、宇宙論的N体シミュレーションは40年以上も昔に開発された手法です。果たして、そんな古い道具を使い続けていていいのか？　複雑な銀河やブラックホールの形成までいけるのか？　という疑問はぬぐいきれません。

しかし、いま現在、これ以外の手法があるわけでもない。

世界的に見ると、宇宙論的N体シミュレーションではない、新しいシミュレーションの手法を考えようとしている人はいますが、残念ながらまだ使えるものにはなっていません。

もし私が、新しいシミュレーションの手法を探し求めた場合、10年間研究を続けても、なんの成果もなかったという危険性があるわけです。ならば、古くても安定していて実用性がある程度確立している手法を改良しながら、なんとかやっていくしかないのでは……。

まさに、究極の選択です。

少々、難しい話になりますが、宇宙論的N体シミュレーションの限界は要素還元主義であることです。これは、宇宙論的N体シミュレーションに限らず、現在使われているほとんどのシミュレーションに言えることかもしれません。

要素還元主義というのは、例えば宇宙の場合、重力があります、電磁波があります、元素がありますと、それらの要素や物理過程を1個1個を積み上げていけば真実の宇宙の姿が浮かび上がってくるだろうという考え方です。

でも、それはただの仮説にすぎないというか、一種の信仰のようなものにすぎない可能性もあるでしょう。

極端な例を挙げれば、人間のゲノムを全部解析したら人間を理解したことになるのかといえば、そんなことはないでしょう。あるいは、風が吹いています、海があります、地形がこうなっていますという要素をひとつひとつ積み重ねたからといって、地球そのものを理解できるかというと非常に難しい。

ですから、そういった要素還元主義で、銀河にしろ宇宙にしろ、複雑なものが理解できるのかというと、それは無理かもしれないと私は感じているのです。

そういう意味で、銀河やブラックホールの研究をする場合、いままでとは違う、まったく新しい切り口が必要となってくるのかもしれません。

残念ながら、それを私が手にしているのかといえばそうではありませんし、どういうものになるのかも想像もつきません。だから、私自身はいまやっている手法で続けていくしかない。そんなていたらくで「科学をやっています」というのは悲しい話ですが、致し方ありません。

しかし、あえて言えば、「宇宙論的N体シミュレーションでは通用しませんでした」という結論が出るのもひとつの結論です。第4章の後半でも書きましたが、限界を示すというのは、科学にとってとても大きな進歩といえます。

限界を示すには、話がかなり厳密でなければいけません。少しでも穴があってはいけない。それゆえ、とことんまで宇宙論的N体シミュレーションを進めてみて究極の限界を探るということには、かなり意味があると思っています。

ダークマターの発見まであと5年!?

多少、悲観的な話になってしまったので、ここで話題を変えましょう。

現在、世界中の天文学者・物理学者が関心を持っているのは、ダークマターと暗黒エネルギーの研究です。

まずは、ダークマターの話からしたいと思います。

ダークマターに関しては、この本のなかでここまで何度も説明してきましたが、宇宙の初期からあるとされる物質で、重力によってまわりの物質を引き寄せるという性質だけはわかっています。しかし、いわゆる化学反応をせず、自ら光を発することもなければ、光を反射することもないため、ダークマターの存在を人間が確認することは非常に困難で、その多くが謎に包まれたままとなっています。

誰もその存在を実際に確かめたことがありませんから、本当は存在しないのかもしれない。ですが、宇宙の構造や成り立ちを考えたとき、ダークマターがあるとしたほうが説明がたやすくなるため、1930年代ごろからその存在は提唱されてきました。

また、第3章で解説したように、ダークマターの存在を前提としなければ、ファーストスターの誕生の理論も成り立ちませんから、そういう意味で、ダークマターについては私も強い関心を持っています。

おおまかな性質や働きはわかっており、何らかの素粒子であるだろうとの予測がされていますから、素粒子物理学ではダークマターの正体について、すでにいくつかの候補が挙がっています。

例えば、ニュートリノやニュートラリーノ、アクシオンといった素粒子が、ダークマターの正体なのではないかといわれています。

しかし、それら素粒子のうち、ニュートラリーノやアクシオンは、いまだ確認されていない仮説上の素粒子ですし、ニュートリノがダークマターだとすると、宇宙形成において矛盾が生じる部分があります。それゆえ、いまだダークマターの正体についての確定的な答えは出ていません。

実際にダークマターを検出しようという動きも活発です。

スイスにあるLHC（大型ハドロン衝突型加速器）という装置では、素粒子同士を衝突させることで新たな粒子を生み出し、そのなかからダークマターを見つけ出そうという研究が進んでいます。

あるいは、東京大学宇宙線研究所が岐阜県の神岡町に建設したXMASS（エックスマス）という実験装置でも、ダークマターを検出しようと努力しています。

XMASSで行われているダークマターの検出実験を簡単に説明すれば、巨大なプールに宇宙からダークマターが降ってくるのを待ち受け、プールのなかの原子とダークマター原子がコツンとぶつかるさいの小さな動きを検出しようというものです。

ところで、ダークマターは正体不明の物質ですから、もし何らかの未知の素粒子が見つかった場合、それがダークマターであるとどうやって確定するのか？

それは結局、状況証拠を積み重ねて、消去法的に確定していくしかありません。ようするに、光を発したらそれはダークマターではない、化学反応を起こしたらそれはダークマターではないといった形で確定していくしかない。あるいは、発見された素粒子が、いままで知られているあらゆる現象に当てはまらなければ、ダークマターである可能性が高いということになります。

もっとも、ダークマターに、これまで発見されていないような性質があった場合、見つけるのはさらに困難になるでしょう。実際、私の博士課程の研究は、ダークマターに別の性質があるのではないかという研究でした。そして、その可能性もじゅうぶんにあるのです。

それでも、ダークマターは何らかの物質であることは確かですし、先ほど説明したように、いくつかその正体の候補もあり、検出の方法も考案されている。だから、素粒子物理学者たちは、あと5年でダークマターの正体を解明できるかもしれないといっています。

確かに、その可能性はあるでしょう。しかし、私が大学院にいた10年前も、あと5年で

建設中のXMASS

神岡鉱山跡地に設置工事中のXMASS。このなかに約1トンの液体キセノンを用いた検出装置が入っている。2011年春より本格的に観測を開始。これによりダークマターを直接捉えることができると期待されている

写真提供：東京大学宇宙線研究所
神岡宇宙素粒子研究施設

図 5-1

解明できると言われていましたから、果たしてどうなるかはわかりません。

とはいえ、暗黒エネルギーの謎を解明することに比べれば、ダークマターの謎のほうが解明が早いことは確実だと思っています。

何もかも謎に包まれた暗黒エネルギー

暗黒エネルギーというのは、一言でいえば、宇宙を膨張させている力（エネルギー）のことです。

第1章で解説した、宇宙が誕生したときのインフレーションを引き起こした力も暗黒エネルギーと呼ぶことができますが（21ページ）、現在とくに注目されているのは、数十億年前から始まった宇宙の加速膨張を引き起こした力としての暗黒エネルギーです。

じつは宇宙というのは、誕生してから70〜80億年経ったとき、膨張の速度が再び上がり、その加速は現在も続いています。この加速膨張という不思議な現象を説明するために考えられたのが暗黒エネルギーなのです。

しかし、膨張させる力があるはずだという以外、暗黒エネルギーについては何ひとつわかっていませんし、実際にエネルギーとして検出されたこともありません。

つまりこれは、なんだかわからないエネルギーが宇宙の誕生時から存在しており、それが約80億年間はほとんど何もしていなかったのに、突然、動き出して宇宙を膨張させているという仮説にすぎないのです。

本当にそんな都合のよいエネルギーがあるのかというと、それはわかりません。しかし、宇宙が加速膨張しているのは超新星の観測などから証明されていますから、暗黒エネルギーというものが宇宙にあると考えないと説明が難しくなる。

もうひとつ、暗黒エネルギーが存在しているということを間接的に証明しているものがあります。それは、宇宙に存在する全物質を観測した際、私たちの知っている通常の物質の割合は4パーセントしかなく、残りのうち22パーセントがダークマター、74パーセントが暗黒エネルギーだという結果が出たのです。

正体不明であるはずのダークマターや暗黒エネルギーの割合がどうしてわかるのかという疑問をもつ人も多いでしょう。

この説明は難しいのですが、宇宙をピンと膨らんだひとつの風船だと考えてみてください。

風船が膨らんでいるからには、なかには空気が詰まっていなければならないはずなのに、調べてみたら、空気は4パーセントしか入っていなかった。ならば、あとは正体不明の重力を持つ物質(ダークマター)と、これまたよくわからない膨張するエネルギー(暗黒エネルギー)が詰まっているのだろうと推測したのです。また、ダークマターと暗黒エネルギーの割合は、それぞれの考えられている性質から、どのような割合ならば風船がちゃんと張るかという計算から割り出されています。

いまの風船のたとえを天文学の学術的な説明に言い換えれば、私たちの宇宙というのはかなり平坦な(空間が大きく曲がっていない)状態にあり、そのような状態になるためには、なかにある物質やエネルギーの量が、ぴったりとある値をとらないとならないということになります。これらをまとめて、宇宙論的パラメーターといいます。

とりあえず、暗黒エネルギーを研究している人たちはいま、暗黒エネルギーの働きというのが時間的に変化しないものなのかを確かめようとしています。つまり、加速はずっと続くのか、あるいは速度が緩まることがあるのかというのを確かめようとしている。その結果によっては、私たちの宇宙の運命もまた大きく変わるのです。そのために彼らは、銀河を何百万個も観測するといった大変な作業を行っています。逆にいえば、現時点ではそれぐらいしかやることがない。

宇宙の構成要素

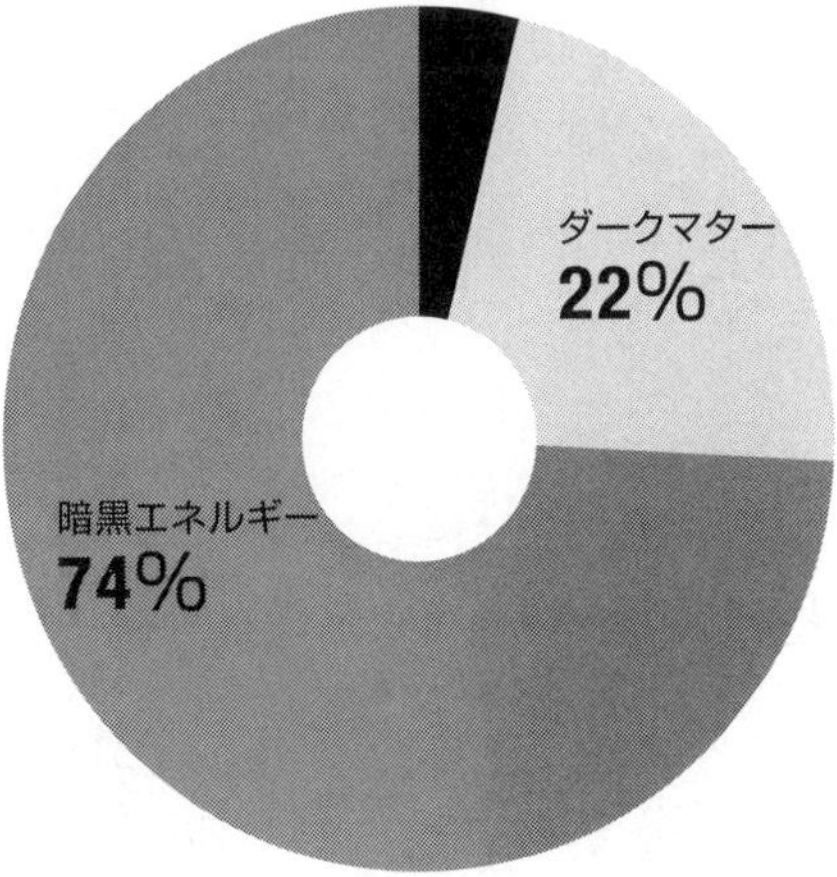

通常の物質
4%（うち2%は所在不明）
ダークマター
22%
暗黒エネルギー
74%

図5-2

暗黒エネルギーの存在自体、宇宙を観測した事実から間接的に推測されたものにすぎませんし、手がかりもほとんどない状態ですから、正体が解明されるのは恐らく今世紀中には無理でしょう。

ダークマターのほうは実験や観測などから具体的な物質が見つかる可能性があるので、あと5年かどうかは別にして、いずれその正体は解明されると思います。しかし、暗黒エネルギーのほうは、実験や観測で具体的なものとして掴まえることはほぼ不可能ですから、理論を積み重ねていくしかありません。そして、理論を積み上げていったところで、それを現実に確かめる手段がほとんどないのです。

もっとも、そのぶん暗黒エネルギーに関しては、現在でも仮説だけは山ほど提出されています。

例えば、この先さらに宇宙の膨張を加速させるような動きをするかもしれないという説もありますし、反対に突然収縮の方に動くこともあり得るという説もあります。

あるいは、ダークマターと暗黒エネルギーは本質的には同じものだという説を唱えている学者もいます。同じものが、薄く広がれば暗黒エネルギーになるし、濃い場所ではダークマターになる。たとえて言えば、宇宙は凍りかけた湖のようなもので、氷になっているところがダークマターであり、液体として広がっている水は暗黒エネルギーだという説です。

また、じつは私たちの考えている重力の理論が間違っていて、なんらかのエネルギーによって宇宙が加速膨張しているのではなく、私たちの知らない重力の別の働きが加速膨張を引き起こしているのだと考えることもできます。つまり、暗黒エネルギーなどというものは、やはり存在しないのだという考え方です。

それらの仮説すべてに、真実の可能性はあります。と同時に、まったく的外れである可能性もある。

これは余談ですが、いきなり来年あたりに宇宙の加速膨張が止まってしまったら非常に面白いと思います。そうなれば、暗黒エネルギーの検出は絶対に不可能になりますが、突然、130何億年目でエネルギーの寿命が尽きてなくなったとなれば、そのこと自体が大きなヒントとなり、研究が進むかもしれません。

そして、来年突然なくなってしまうという「仮説」も、暗黒エネルギーに関しては完全には否定できないのです。

それぐらい、暗黒エネルギーというのは宇宙の大きな謎と言えます。

宇宙には、まだまだ謎と不思議が溢れている

ところで先ほど、宇宙にある全物質の74パーセントが暗黒エネルギー、22パーセントが暗黒物質、4パーセントが通常の物質だという解説をしました。

これに関しても不思議な話があります。

じつは、その4パーセントの通常の物質のうち、その半分は宇宙のどこにあるのかわからないのです。簡単に言えば、宇宙にある星やガスを足していっても物質の量は全体の2パーセントほどにしかならない。もちろん、暗い星などは観測ができませんが、それにしても足りなすぎるのです。

では、通常の物質が4パーセントあるという前提自体が間違っているのかというと、宇宙の初期に水素とヘリウムを作ったビッグバン元素合成というものから理論上考えられている宇宙にある物質の値と、第4章で紹介したWMAPという衛星による観測が割り出した宇宙にある物質の値というのがピタリと一致するので、やはり宇宙に4パーセントの通常物質があるというのは、ほぼ間違いない事実なのです。

消えた2パーセントがどこにいってしまったのかについては、おそらく電磁波では検出できない温かいガスの状態で存在しているのだろうという予想はされています。しかし、

そうだという証明もされていません。

このように、宇宙にはまだまだ謎や不思議が多いのです。

そんな宇宙の不思議を、もうひとつだけ紹介して、この章を終りにしましょう。

この本の「はじめに」で、最新の観測成果では望遠鏡で132億光年先まで観測することに成功していると書きました。宇宙の歴史は137億年ですから、あと5億年先まで観測できれば、ある意味、宇宙誕生の瞬間を観測することができるということになります。

ならば、もし恒星間宇宙飛行などが可能になり、5億光年先まで行って、そこに望遠鏡を設置すれば、137億光年先まで観測することができるのか？

普通に考えれば、できるはずです。私たちは遠くのものがよく見えなかったら、近づいて見ようとします。そして、近づけば見えるようになります。

しかし、宇宙においては、5億光年近づいたとしても、決して137億光年先まで観測することはできません。望遠鏡の性能が同じならば、どうやっても見えるのは132億光年先までなのです。

これには、宇宙が無限に広がっているということ、宇宙には特別な場所というのが存在しないということ、宇宙の特殊な形というようなことなどが関係しています。

そう言われても、「なんだかよくわからない」と感じる人のほうが多いでしょう。

そこで次の章では、「宇宙に果てはあるのか?」、「宇宙はどんな形をしているのか?」といった疑問から、「宇宙人はいるのか?」、「宇宙で一番大きな星ってどのくらい?」といった疑問まで、宇宙にまつわるさまざまな謎と不思議について、私なりに、Q&A形式で答えていきたいと思います。

第6章　宇宙に関する疑問に答える

Q1 「宇宙に果てはありますか?」

A 宇宙に果てはありません

いま私たちがわかっていることを総合すると、やはり宇宙は無限に広がっているのだろうということになっています。「本当に無限なのか?」と聞かれてしまうと、誰も実際に確かめたわけではありませんから答えに窮しますが、事実上無限としかいいようがない。

専門的な言葉でいえば、幾何学的に無限ということになります。

例えば、メビウスの輪などは幾何学的に無限なものの代表です。とはいえ、宇宙をどんどん進んでいったとしても、メビウスの輪のようにスタート地点に戻ってしまうわけではありませんから、説明が難しいのですが……。

ちなみに、私たちが観測できる範囲という意味においては、宇宙は有限です。この本で何度も解説してきたように、光の速度と宇宙の膨張速度のかねあいから、私たちが観測できるのは130数億光年の範囲までです。この範囲のことを「宇宙の地平線」といいます。

Q2 「宇宙はどんな形をしているのですか?」

A 宇宙に形はありません。あえて言えば、無限に平坦な空間が広がっています

形というのは、縦が何センチ、横が何センチといったように、有限なものにしかあてはまりませんから、Q1で解説したように、無限の宇宙には形は存在していません。

あえて形に近いことを言うならば、平坦な空間が延々と広がっているという言い方はできます。平坦というと2次元なのかと思うかもしれませんが、そうではなく3次元的に平坦。空間が曲がっていないということです。これは観測的事実として判明しています。

そう言われても、イメージしづらいとは思いますが……。3次元的に平らな空間というのは、私たちが4次元空間とか5次元空間から見ないとイメージできないでしょうね。そういう意味では、宇宙の果てとか形といった問題は、まだ現在の物理学や数学で簡潔に説明できる対象にはなっていないと思います。ただ、いろいろな仮説を積み重ねているのです。

Q3 「宇宙は将来どうなってしまうのですか?」

A 4つのパターンが考えられています

私たちの宇宙が将来どうなるかについては、4つの考え方があります。そして、そのどれにも、暗黒エネルギーが深くかかわっている。

ひとつは、暗黒エネルギーによって宇宙の膨張が加速し続けて、最終的には空間も原子もバラバラになってしまうという未来です。いわば、宇宙が「破裂」してしまうというものです。これがいつ起こるかは、暗黒エネルギーの性質次第ですので、現時点では予測することはできませんが、起こるとしても無限に遠い将来のことですので心配はありません。

もうひとつは、宇宙の膨張がある段階で収縮に転じて、最終的にビッグバンの状態にもどるというものです。しかし、これはどちらかという古い説で、現在信じている学者はあまりいません。

3つめは、暗黒エネルギーによって宇宙は膨張を続けるが、それが永遠に続くというものです。ようするに、膨張は続くが破裂しないというもの。この場合、宇宙に終わりはこないということになります。

4つめは、減速膨張といって、物質と暗黒エネルギーの割合によっては、だんだん膨張速度が緩やかにゼロに近づいていって、永遠に近い時間ののち、最後には膨張が停止するだろうというものです。この場合も、宇宙には終わりはこないということになります。

もっとも、そもそもの暗黒エネルギーがどういうものなのかがまったくわかっていませんから、このどれもが仮説にすぎません。また、将来、どれかの説の通りになるとしても、数千億年以上も先の話でしょうから、確認のしようもありません。

そういう意味では、宇宙の将来についてはわからないことだらけなのです。

ですが、反対に考えてみてください。もし、宇宙に果てがあって、こんな形をしていて、将来こうなりますよと言われても、たぶん嘘っぽいと感じますよね。

例えば、200億光年ぐらい歩いていくと端にぶち当たって、形は6角形に近いですね。それがあと千億年ぐらいすると終わりますよ、などといったようにハッキリすることは今後も、ほぼあり得ないでしょう。宇宙とはそれぐらい、人間の認識を超えた存在なのだと思います。

Q4 「将来、私たちの銀河が別の銀河に衝突するというのは本当ですか?」

A 本当です。数十億年ほどでアンドロメダ銀河と衝突します

宇宙は膨張を続けており、全体的に見れば、銀河同士の距離も離れていっているのですが、そもそも銀河はサイズが大きく、また数も多いので、重力で引き合ってしまい、衝突することは宇宙ではよくあることです。そして、私たちの暮らす天の川銀河も、数十億年後には隣にあるアンドロメダ銀河と衝突する予定です。

しかし、あまり心配することはありません。銀河が衝突したからといって、地球に影響がある可能性は低いと考えられています。実際には銀河同士が衝突しても、星同士はすれ違ってしまうだけでしょうから、衝突に気づかないかもしれない。もちろん、星同士がぶつかる可能性もゼロではありませんが(これについてはQ6で詳しく解説します)

ちなみに、銀河同士が衝突すると、合体してひとつの大きな銀河となるケースが多々あります。私たちの銀河もやがてはそうなる可能性が高いでしょう。

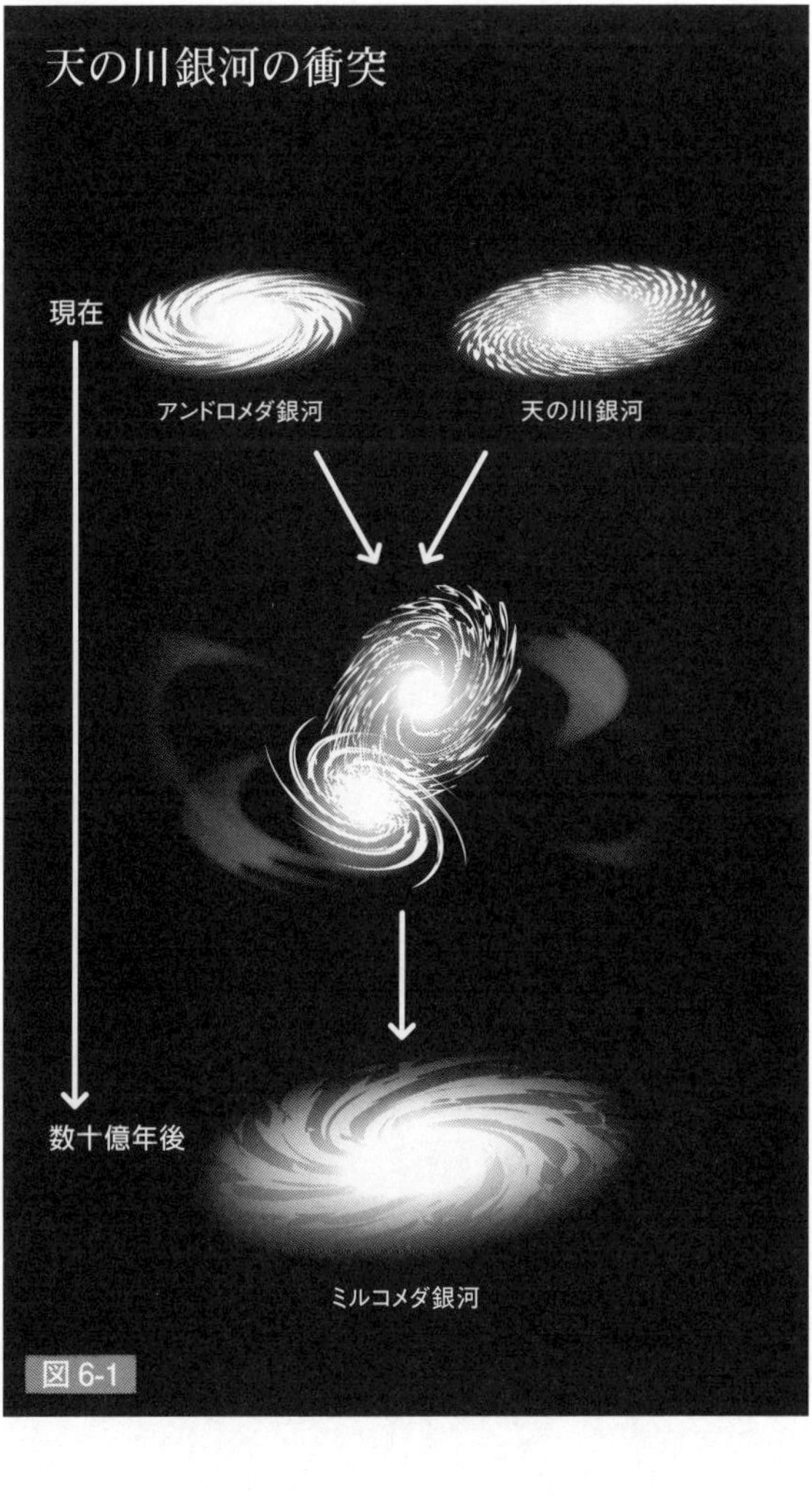
天の川銀河の衝突
現在
アンドロメダ銀河
天の川銀河
数十億年後
ミルコメダ銀河

図 6-1

Q5 「宇宙に星は全部でいくつあるのですか?」

A およそ1垓個以上の星があります

宇宙といっても無限の宇宙のことはわかりませんから、ここでは私たちが観測できる範囲の「宇宙の地平線」内の星の数で考えたいと思います。

非常に大まかにいうと、ひとつの銀河にはだいたい星が数千億個あります。つまり、10の12乗個の星があって、そういう銀河が「宇宙の地平線」内に10の12乗個ぐらいある。すると、1兆の1兆倍ですから、億、兆、京の次の単位である、垓を超えるぐらいの星が宇宙にはあることになります。もちろん、これは正確な数字ではありませんが。

その約1垓個の星のうち、人間が識別して、とりあえず名前や番号をつけている星の数は、だいたい1億個程度です。宇宙にある星の数から比べれば微々たるものです。2013年には、ガイアプロジェクトといって、衛星を飛ばして星の位置を測るという計画があり、それによって10億個程度の星は認識できるようになるかもしれません。

Q6 「星（恒星）同士が衝突することはあるのですか？」

A 理論的にはあり得ますが、非常にまれな現象だと思います

地球に隕石が衝突したり、あるいは銀河同士が衝突したりすることはよくあることですが、星（恒星）同士が衝突することはほとんどありません。

これは、恒星同士がかなり離れて存在しているということと、銀河の大きさに比べて星というのがあまりに小さすぎるゆえのことです。確率的には、10の12乗個の星を持つ銀河同士が衝突して、そのうち1個か2個の星がぶつかる可能性がある程度でしょう。

もし恒星同士が衝突した場合は、超新星爆発を起こすケースもあり得ますが、ただ合体して2倍の質量の恒星になる可能性のほうが高いでしょう。それぐらい恒星というのは安定しているものなのです。ところで、銀河の衝突というのは数多く観察されていますが、星同士が衝突しているまさにその瞬間というのは、いままで一度も観測されたことがありません。これが観測できたら、天文学的にはかなり画期的な発見になると思います。

Q7 「どうして銀河や星は回転しているのですか？」

A 一度回転したものは、回転し続けるからです

運動力学の三法則というのがあり、それは、①止まっているものは止まっている②まっすぐ動いているものはまっすぐ動く③回転しているものは回転を続ける、というものです。つまり、一度回転してしまったものは、何らかの力によって止められない限り、回転をし続けるのです。そして、ある程度以上の大きさを持つものが移動するさい、すぐに回転してしまいます。例えば、ボールでもノートでも、ひょいと投げたときに、まったく回転させずに投げるのは難しいものです。この宇宙では、ゼロ回転というのは普通の状態では存在しないと考えたほうがいいでしょう。

ちなみに、銀河のあの美しい渦巻模様は、銀河が回転していることと関係があるには違いないのですが、模様がどのようにしてでき、長く保たれているかについては、はっきりとはわかっていません。

Q8 「宇宙で一番大きい星はなんですか？　また一番明るい星はなんですか？」

A マゼラン雲の近くにあるR136a1という星です

マゼラン雲の近くにあるR136a1という星は質量が太陽の300倍あり、これが現在観測されている星のなかではもっとも大きなものとなっています。ちなみに、星の大きさというのは質量で測ります。質量はその星の光を分析すればわかりますが、半径などのサイズを測るのは、遠くの星の場合なかなか難しいからです。

だから、実際のサイズは太陽よりも小さいけれど、質量が太陽よりも大きければ、それは太陽より大きな星ということになるのです。

そして、星というのは重ければ重いほど明るいので、R136a1が一番明るい星ということになります。現在、太陽の100倍以上の質量をもつ星が15個発見されています。100倍質量が増えると明るさは100万倍になるので、つまり、私たちの近くには太陽より100万倍明るい星が15個あるということです。

Q9 「将来、月は地球の軌道から離れていってしまうのですか?」

A 毎年3・8センチメートルづつ離れていっています

月が地球に及ぼす引力の影響で、地球の自転速度というのは10万年に1秒の割合で遅くなっていっています。すると、角運動量保存の法則というものが働き、月は少しずつ地球から遠ざかっていくのです。具体的には、1年間に3・8センチメートルづつ遠ざかっています。

このままいけば、数十億年から数百億年後には地球の軌道から月が外れていってしまうでしょう。そうなると、潮の満ち引きもなくなりますし、大気の循環なども大きく変わりますから、地球環境は激変するはずです。もちろん、ずいぶんと先の話ですが。

ちなみに、地球の軌道から外れた月が、タイミングによっては金星とか火星など他の星の重力に囚われて、その星の衛星になる可能性もゼロではないでしょう。夜空を見上げて、火星の周りを月が回っているのを見たら、人類は悔しく思うかもしれませんね。

Q10 「将来、地球はどうなるのですか?」

A 太陽に飲みこまれる説と飲みこまれない説があります

遠い未来の地球の姿というのは、結局、太陽がどうなるかによるのですが、それに関しては2つのパターンが現在考えられています。

ひとつは、太陽の中心の燃料がだんだんなくなってくると、太陽は膨らみ始め、やがて地球を飲み込んでしまうという説です。昔は、ほとんどこの説が信じられていました。ですが、最近では太陽はそれほど巨大化しないという説も唱えられています。

燃料がなくなってくるにつれ、太陽はガスを太陽風として外に出すようになり、少しずつ縮んでいくかもしれないのです。そうなれば、地球が飲み込まれることはありません。もちろん、太陽が縮んでしまえば、地球への影響は大きいでしょうから、人類が地球に住み続けるのは不可能でしょうが……。しかし、どちらの説が正しいにせよ、約50億年後のことですから、あまり心配してもしかたがないと思います。

Q11 「私たちの太陽系以外の太陽系は見つかっているのですか?」

A 候補はいくつも見つかっていますが、確定はしていません

系外惑星が見つかっていることは、第2章などでも紹介しました。ですが、それが私たちの太陽系のように主星の周りを、いくつもの惑星が回っている惑星系を形作っているのかというと、まだ確定的なことはいえない状況です。

系外惑星自体は、これまでに500個ほど見つかっており、そのなかには複数の惑星を持つというシステムも、いくつも見つかっています。ただ、私たちが太陽系といったときにイメージするような、土星や木星のように巨大な惑星もあって、内側では金星や地球のような小さな惑星が回っているといったものはまだ見つかっていません。

ちなみに、私たちの太陽系では、惑星がほぼ同一面上で周っていますが、ほかの惑星系ではずいぶんずれているものが多いようです。逆に言えば、私たちの太陽系のようにきちんと惑星が整列しているほうが珍しいのかもしれません。

Q12 「宇宙は何色ですか？」

A ベージュ色です

2002年にアメリカの天文学者が、約20万個の銀河の発する光を平均化したところ、ベージュ色になったと発表しました。つまり、宇宙の色はベージュ色ということです。

もっとも、彼らが最初に発表した色は「薄い青緑色」で、こちらのほうが宇宙の色にはふさわしいような気もします。しかし、色の計算に使ったソフトウェアに欠陥があることが発覚し、計算しなおしたところ、ベージュ色ということになりました。それにしても、銀河の色を平均化してみようというのは、不思議なことを考えたものです。

ちなみに、「太陽の色は何色ですか」と聞かれたら、皆さんはなんと答えますか？

赤とかオレンジと答える人もいるでしょう。ですが、太陽が赤やオレンジに見えるのは、地球の大気によって光が散乱しているせいで、宇宙空間で見ると、実際には黄色に近い白色で輝いています。

Q13 「宇宙人はいますか？」

A 私はいると思っています

私たちの観測できる範囲だけでも、宇宙には星が1垓個以上もあるわけですから、そのなかで知的生命体が私たちしかいないというのは、かなり傲慢ですし、無理があるように私は思います。つまり、常識的に考えて(!?)、宇宙人はいるだろう、と。

統計を取ったことがないから正確なことはわかりませんが、天文学者の99パーセントは、「宇宙人はいる派」のはずです。１９６０年代にアメリカの天文学者のドレイクという人は、宇宙人が存在する可能性を推測するための計算式というものを発表しています。

これは、ドレイクの方程式と呼ばれるもので、宇宙に存在する星の数に、生命が誕生する可能性などさまざまな係数を掛けていくというものです。その結果、ドレイク自身はこの宇宙に10個程度は、人間以外の知的文明があるだろうと結論づけました。もっとも、お互いの距離が離れすぎていて、実際にコンタクトすることはかなり難しいでしょうが。

Q14 「光は無限に進めるのですか?」

A 邪魔されない限り、同じ速度で無限に進みます

現在考えられている限りでは、光は同じ速度で無限に進み続けます。だからこそ、130億年以上昔に星が発した光を、現在、私たちは観測することができるのです。また、光以上の速度を持つものは、この宇宙に存在しません。

しかし、唯一例外的に光よりも「速い」のが、宇宙の膨張速度です。これを大雑把に説明すれば、A地点からB地点まで移動するときの速度は光がもっとも速いが、A地点とB地点の空間そのものが広がる速度はそれよりも速いということになります。それゆえ、やがて私たちが星を観測するさいの観測範囲は狭まってくるのですが、それについては次の**Q15**で詳しく解説しましょう。

ちなみに、光に質量はありませんが、エネルギーは持っているので、一般相対論によれば、光をぎゅっと集めることができたら重力を及ぼすようになるとされています。

Q15 「将来は宇宙の観測範囲が狭まるというのは本当ですか?」

A 本当です。しかし、新しい情報が入ってこなくなるだけです

光の速度よりも、宇宙の膨張速度のほうが速くなるため、だんだんと遠くの銀河や星のことは観測できなくなってきます。つまり、光が届くよりも速く、その光を発している対象が遠ざかってしまうので、観測が不可能になるのです。その結果として、人間にとっての「宇宙の地平線」は少しずつ狭くなっていきます。

具体例を挙げれば、6000万光年先にある乙女座銀河団の光は、1千億年後には観測できなくなるでしょう。もっとも、正確に言えば、1千億年からあとの光（情報）が見えなくなるというだけで、それ以前に発せられた光ならば、光は無限に進みますから観測することはできます。とはいえ、その光もあまりに遠くからのものは赤方偏移といって、赤外線や電波の形でしか観測できなくなりますので、乙女座銀河団を「目で見る」ことができなくなるのは確かです。

Q16 「ブラックホールとはなんですか？」

A 何でも吸い込む宇宙の穴です

ブラックホールというのは、アインシュタインの相対性理論から予言される特別な天体のことで、重力が強すぎるため、あらゆる物質、さらには光さえも脱出できなくなるという性質を持っています。いわば、なんでも吸い込む宇宙の穴のようなものです。これは、星が成長し、大きくなりすぎて自分の重さに耐え切れなくなり、収縮することで誕生するとされています。ブラックホールの容量は無限で、周囲の空間にあるものを吸い込めば吸い込むほど成長して大きくなっていきます。ですから、やがてはすべての星が吸い込まれて、宇宙にはブラックホールしかなくなるのではないかという説もあるほどです。

ただ、全部のブラックホールが合体して、宇宙がひとつのブラックホールになってしまう可能性はあまりないでしょう。なぜなら、宇宙の膨張する力のほうが強いからです。広がりきった宇宙にポツポツとブラックホールだけがあるというのも、すごい光景ですが。

Q17 「ホワイトホールというのは存在するのですか？」

A 理論上は存在しますが、実際に観測されたことはありません

ブラックホールがなんでも吸い込む穴ならば、なんでも吐き出す穴が存在するはずだということで考えられたのがホワイトホールです。これは難しい話になるのですが、一般的な物理学の法則というのは時間軸に対して対象であるため、ブラックホールが成立するならば、反対の現象であるホワイトホールというものも理論的には成立します。

ただ、実際になんでも吐き出すような天体が観測されたことは一度もありません。一時期、ガンマ線バーストといって、宇宙のある一点から大量にガンマ線が放出される現象がホワイトホールなのでないかと言われたこともありますが、現在ではその説は否定されています。

結局、ホワイトホールというのは、理論上あり得るものではあるが、それが実際に宇宙に生まれることはないだろうというのが、大方の学者の見解です。

Q18 「ワープ航法というのは可能ですか?」

A 現在の科学では難しいと思います

SFなどではよく、宇宙の別地点にあるブラックホールとホワイトホールがワームホールというもので繋がっていて、ブラックホールに飛び込んでホワイトホールから出てくることで、一瞬で膨大な距離を航行するといった描写が登場します。

これは、理論上はあり得ることなのですが、実際にやろうとすればブラックホールに飛び込んだ途端、人間の体は重力で潰れてしまいますから難しいでしょう。それに、そもそもホワイトホール自体が仮説にすぎません。

では、宇宙船を光よりも速い速度にすることができるかというと、これも無理だと思います。なぜなら、宇宙船の速度を光速に近づければ近づけるほど、注入するエネルギーが無限に必要になってくるからです。それこそ、全宇宙のエネルギーをかき集めて投入したとしても、光速は超えられないのです。

Q19 「ホーキング博士はなんの研究をしている人なのですか？」

A 「ブラックホールは蒸発する」という理論を提唱しました

いま、宇宙に関する学者のなかで一般の人が誰でも知っている人物といえば、スティーブン・ホーキングということになるでしょう。「車椅子の学者」として有名な彼は、宇宙の始まりや「超ひも理論」、ブラックホールなどについて研究している理論物理学者で、とくに「ブラックホールは蒸発する」という説を提唱して注目を集めました。

これは、一度吸い込まれたら光さえも脱出できないとされているブラックホールも、素粒子物理学の理論で考えると、確率的には常に粒子を吐き出しており、やがては蒸発してしまうという説です。ちなみに、これは理論的には間違っていないのですが、実際にそのような現象が確認されたことは一度もありません。

また、彼の研究によって天文学が大きく発展したのかというと微妙なところで、学者たちのなかでの彼の研究に対する評価はさまざまにわかれています。

ブラックホールの蒸発

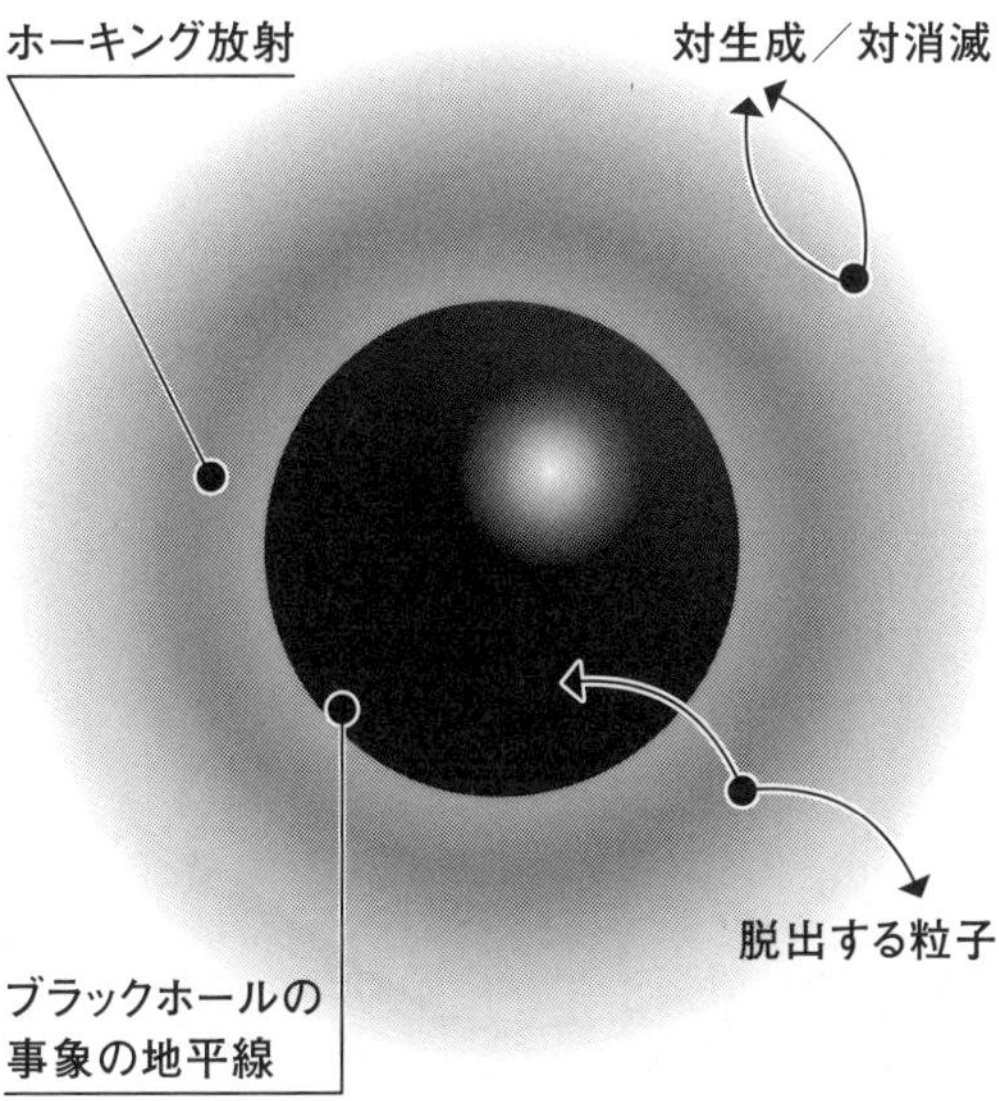

量子力学によれば、ブラックホールの周りでも絶えず物質と反物質が生まれては消滅している。生まれた片方の（反）物質がたまたまブラックホールに吸い込まれ、もう片方は残るとき、あたかも残った（反）物質がブラックホール表面から放出されたかのように見える。こうしてブラックホールはじわじわと物質や電磁波を放出し、非常に長い時間の後には蒸発してしまう。

図 6-2

Q20 「11次元宇宙や超ひも理論とはどういうことですか？」

A 宇宙創成を理解するための物理学の理論です

最新の物理学では、「宇宙は11次元である」とか「超ひも理論」といった説が提唱されており、皆さんも言葉だけは聞いたことがあるかもしれません。これは、そもそもは宇宙のなかでも特殊な力である重力を説明するために考えられたアイデアです。

ものすごく簡単に説明すると、私たちの暮らしている四次元（縦・横・高さ・時間）の世界には、それ以上の次元が小さく丸められて存在している。そして、物質というのは本来、複数の次元を貫いているひものようなものだというのが「超ひも理論」です。この理論は仮説にすぎませんが数学的には正しく、原子や素粒子の動きを説明したり、宇宙の最初に起きたインフレーションを説明したりするのに便利だとされています。

……私は専門外なのでこれ以上の解説はできませんが、専門家に聞くとわかりやすくなるかというと、もっと難しくなるだけです。

Q21 「天文学でノーベル賞が取れそうな研究分野はなんですか?」

A 「ダークマター」と「重力波」の検出だと思います

ノーベル賞には「天文学賞」というものがないので難しいのですが、ダークマターを実際に見つけたということになれば、それは確実にノーベル賞をもらえるはずです。

もうひとつは、重力波の検出というのができれば、発見した人あるいはグループは遅かれ早かれノーベル賞がもらえるでしょう。重力波というのは、アインシュタインの一般相対性理論のなかで予言されているもので、間接的には存在が証明されているのですが、直接観測されたことはまだ一度もありません。

暗黒エネルギーが検出できれば、ノーベル賞級の発見だと思いますが、実際にそれが実現するのはまだまだ先のことだと思います。近年の成果のなかでは、系外惑星の発見というのは、本当はノーベル賞をもらってもいいと個人的には思うのですが、それがどのくらい人類の幸福に繋がっているのかが微妙なので、まだ授賞されていないのだと思います。

Q22 「ブラックホールや星を実験室で作ることは不可能なのですか？」

A ブラックホールを作ることは理論上可能です

ブラックホールは、エネルギーを一箇所に集めて高密度にすれば作ることができるので、理論上は可能です。例えば、ＬＨＣ（大型ハドロン衝突型加速器）などで粒子をぶつけて高エネルギー状態にすれば、ブラックホールを作れるかもしれないと考えられています。

しかし、そうやって作ったとしても、そのブラックホールは極めて小さい粒子のレベルのものですので、一瞬で蒸発してしまうでしょう。だから、実験室でブラックホールができても、地球が飲み込まれるような危険性はありません。

一方、星に関しては、核融合を起こせるほどの大量のガスを一箇所に集めることが地上では物理的に不可能ですので、実験室で作ることはできません。ちなみに、水爆は水素と水素を融合させてヘリウムを作り、そのさいにエネルギーを放射するので、一種の星と見なすこともできなくはありませんが、持続性がないので、やはり星ではないでしょう。

Q23 「反物質というのは危険なのですか?」

A 危険といえば危険ですが、あまり心配はいりません

ダン・ブラウンの小説『天使と悪魔』のなかで、テロリストたちが反物質を武器として使おうとしたことで、その危険性が注目されました。確かに、反物質と物質が接触すると光になってどちらも消滅してしまいますから、危険といえば危険なものです。

しかし、実際に実験室で作ることのできる反物質は反陽子1個とかですから、それが消せるものは原子1個程度のものです。

もし、1グラムの反物質を作ることができて、それを地面に落としたとしたら大変なことになります。1グラムの反物質の破壊力は、広島型原爆とほぼ同じ程度ですから、一瞬で町ひとつが消滅してしまう危険性があります。ですが、1グラムもの反物質を作ることは現在の技術では不可能ですし、地球上にある物質の総量から考えても、かなり難しいことですので、あまり心配する必要はありません。

Q24 「暗黒エネルギーで発電することは可能ですか？」

A 集めることができないので不可能だと思います

暗黒エネルギーは宇宙に無尽蔵にあるので、それで発電ができるようになれば便利ですが、現実問題としては不可能でしょう。なぜなら、暗黒エネルギーを宇宙から集めてくるということ自体ができないからです。もっと言えば、集めることが可能なのか不可能なのかすら、暗黒エネルギーに関してはわかっていません。それほど未知のエネルギーなのです。

それよりはまだ、反物質による発電のほうが理論上の可能性は高いと思います。ただ、何グラムかの反物質を作り出すための必要なエネルギーというのが膨大にかかりますから、非常に効率が悪く、いまのところ実現性はありません。

そういう意味で、天文学がエネルギー問題に関与できるとしたら、せいぜい宇宙に巨大な太陽電池パネルを作ることぐらいでしょう。

Q25 「天文学で日本が得意な分野、苦手な分野はなんですか?」

A 得意なのは遠くの銀河探し。苦手なのは宇宙論かもしれません

日本の天文学が得意なのは、遠くの銀河の発見です。90年代から2000年代前半にかけて発見された遠方銀河の大半は、日本のすばる望遠鏡によって発見されています。ただ、アメリカのハッブル宇宙望遠鏡に新型カメラが装着されてからは、少々押されぎみですが。

それから、X線天文学も昔から日本の得意分野です。昔でいえば、「あすか」や「ぎんが」、最近ですと「すざく」など、日本が打ち上げた観測衛星の成果により、X線天文学はかなり進歩しました。

一方、苦手なのは、ダークマターや暗黒エネルギーなどについて研究する「宇宙論」の分野です。これは、20世紀から発展した分野で、アメリカの独壇場と言ってよいでしょう。日本はずいぶんと遅れています。それに追いつき追い越すというのが、私が所属している数物連携宇宙研究機構が設立された目的のひとつです。

Q26 「もっとも早く解けそうな宇宙の謎はなんですか?」

A ダークマターの正体と、地球型惑星の発見だと思います

やはり、ダークマターの発見と、その性質の解明が一番早いと思います。私だけではなく、多くの学者が同じように考えています。神岡にあるXMASS実験装置や、LHCの加速実験などでダークマターの正体が判明するのが来年あたりでも、すこしもおかしくはありません。

もうひとつ解決が早そうなのが「宇宙には地球のように生命を育むことのできる惑星はあるのか?」という謎です。これは、「あるはずだ」というのが、ほとんどの天文学者の間で共通認識になっており、あとは実際に観測して確かめるだけとなっています。具体的には、惑星のスペクトルを分析することで、その星に大気や水、炭素などがあるかどうかを判断することができます。この2つの課題については、世界中の天文学者が、解決の一番乗りを目指して競争しています。

Q27 「最後まで残りそうな宇宙の謎はなんですか?」

A 「宇宙に終わりはあるのか?」だと思います

もちろん、暗黒エネルギーの解明にも、あと100年ぐらいかかるでしょうが、最後まで残るのは、Q3で解説した「将来、宇宙はどうなるのか」——つまり、「宇宙に終わりはあるのか?」という謎だと思います。

「宇宙の始まり」については、観測と理論の両面から少しずつ理解は進んでいくはずです。でも、宇宙が将来どうなるのかというのは観測のしようがありませんから、仮説はいくらでも立てられますが、最後まで謎として残るでしょう。逆に言えば、宇宙の終わりはわかったけど、始まりがわからないという事態はあまり考えられない。

ちなみに、暗黒エネルギーに関しては、まったく別の見方で宇宙の加速膨張を説明することができれば、暗黒エネルギーという概念そのものがなくなり、そういう形であるとき突然に解決してしまうことはあり得ます。

Q28 「結局、人類は宇宙のことをどのくらい理解しているのですか？」

A 個人的には13パーセントぐらいだと思います

まず第5章で解説したように、宇宙の成分の96パーセントを私たちはわかっていません。しかも、わかっている4パーセントの元素のうち、半分の2パーセントがどこにあるのかもわかっていない。そういう意味では、2パーセントしか宇宙のことを理解していないということができます。

ですが、時間的な広がりで見てみると、137億年の歴史のうち、130億年分ぐらいのことは、どうにか情報を得て理解している。そういう意味では9割ぐらいのことがわかっているということもできます。

では、天文学という学問にゴールがあるとしたら、私たちは何パーセントぐらいのところまで来ているのでしょうか？

おそらく1、2パーセントということはないと思いますが、半分はわかっているというのはどう考えても言いすぎです。そういう意味で、多少の希望もこめてですが、13パーセントぐらいというのが個人的な実感です。つまり、あと半分やればすべて解明できそうだとも思いませんが、あと100倍やらなくてもいいような気がするのです。

もちろん、学問が発展すればするほど、新たな謎というものが見つかりますから、実際にどうなるかはわかりませんが……。

それにしても、宇宙のなかで特別な場所にあるわけでもない地球で、人間が作ったたかだか10メートル程度の望遠鏡を使って、遠い宇宙のことや銀河のことをある程度まで理解できるようになったこと自体が、私はとてもとても不思議だと感じることがあります。

人間が生きていく上では、せいぜい太陽系のことを知っていれば、それでじゅうぶんだったはずです。あとは、時々やってくる彗星を見て楽しむというのでも良かった。それなのに、太陽系を越えて、天の川銀河というのが見えて、さらに天の川銀河の外側に、もっとそういうものがたくさん広がっているということを知ることができたのは、考えてみると不思議なことです。

「宇宙はわからないことだらけ」とも思いますが、人間という宇宙規模で見ると小さな存在にしては、「宇宙のことがわかりすぎている」とも言えるでしょう。

Q29 「どうすれば天文学者になれますか?」

A 興味を持ち続けていれば、いろいろな道があります

一般的な答えでいえば、理科系の大学に進学して、物理学か天文学の大学院に進み、宇宙物理学か天文学の研究職につくというのが一番普通のコースでしょう。

ですが、天文学は扱う範囲が非常に広いので、特別にこの学科に進まなければいけないというものでもありません。例えば、生物学を専攻してきて、やがて宇宙生物学というのをやり始めることも可能です。あるいは、地質学の勉強をしてきて、その後、惑星地質学みたいな方向に行くこともできる。

そういう意味で、天文学は間口の広い学問です。

もっと言えば、大学で専門の勉強をしなくても、本当に宇宙のことが好きならば、アマチュア天文学者という道もあります。

天文学の世界というのは、プロとアマチュアの垣根が低いのがいいところで、アマチュ

アでも、プロよりも知識を持っていて業績のある人がたくさんいます。アマチュアの天文学者が、自分で観測して超新星や彗星を発見したというニュースは、みなさんも目にすることがあるでしょう。これが、素粒子物理学とかになると、「好き」というだけではなかなか成り立ちづらいものです。

ですから、宇宙のことに興味を持ち続けていれば、天文学というのは、いろいろな形で関わることができる学問だと思います。

ただ、もしあなたが現在学生ならば、数学と英語の勉強には力を入れておいたほうがいいかもしれません。宇宙論のような理論分野で数学が必要となるのは当然ですが、いまは観測の分野でもスペクトル分析の解析などで、どうしても数学が必要となってきます。それから、望遠鏡は世界各地にありますから、やはり英語はできたほうがいい。

あと、性格的に天文学者に向いているのは、ノンビリした穏やかな人のほうがいいでしょう。これは、どんな学問にも言えることかもしれませんが、すぐに成果を出したいといった人には、あまり向いていないと思います。

もっとも、私たちも実際には、「成果が出るのが50年後です」という研究をしていては、学者として生きていけないので、あまりノンビリすぎるのもまずいのですが……。

Q30 〝おわりに〟に代えて——「天文学はなんのためにあるのですか？」

A 人間の根源的な欲求に答えるためにあるのだと思います

天文学は果たしてなんのためにあるのでしょうか？

これは、なかなか難しい問題です。

どんなに天文学が発展したからといって、世界中から飢餓がなくなるわけではないですし、難病が治るようになるわけでもない。あるいは、生活が便利になるわけでもありません。そういう意味では、私たちの生活に直接役に立つようなことに天文学はほとんど寄与していないといえるでしょう。

もちろん、人間は生きて行くために外部の世界のことを知らなければなりません。

ですが、それだけのことならば、月と太陽、せいぜい火星ぐらいまでのことがわかっていればじゅうぶんでしょう。遠方銀河のことや、１３０億年以上も昔の宇宙の状態のことを知る必要はありません。

それにもかかわらず、数千年前から人々は宇宙のことに関心を持ち続けて、現在まで天文学は発展し続けてきました。

やはりこれは、どこか人間の心の奥底に、もっと遠くを見たい、未知の世界のことを知りたい、そして「自分の起源を知りたい」という欲求があるからではないでしょうか。

当然の話ですが、人間は親から生まれてきます。親はそのまた親から生まれ、その親もまた親から生まれてくる。そうやって先祖をどんどんさかのぼっていくと、最終的には、そもそも世界はどうやって生まれたのか――つまり星や宇宙はいつどうやって誕生したのか？　という問題に行き着きます。

天文学が発展してきた理由や、そもそも天文学が存在する意味は、そういう人間の「自分のルーツを知りたい」といった根源的な好奇心に応えるためだと思います。

わかりやすい例でいえば、もし自分のアルバムの中で幼稚園のときの写真だけがなかったら、誰だってとても気になるはずです。その頃自分はどこでどんな風に暮らしていたんだろう、と。私たちの日々の生活にはまったく関係ないのに、「宇宙の暗黒時代」を探求しようと天文学者たちが躍起になっているのは、そういうことでしょう。

それから、もうひとつ天文学が存在する理由として挙げられるのは、星や銀河の見た目がとても美しいということです。そして、美しいものをより知りたいと思うのも、人の根源的な欲求なのだろうと思います。

少なくとも、私自身が最初に天文学を志した動機は、星や銀河の美しさに惹かれてのことでしたし、古来さまざまな文明の物語や神話のなかでも、夜空の美しさについては語られてきました。ようするに、人間のなかには、宇宙を美しいと感じてしまう機能があるようなのです。

……それでも、私自身、ときおり天文学は何のためにあるのか？　ということを自問自答せざるを得ないことがあります。

例えば、私は国からお金をもらって研究をしています。つまり、みなさんが払った税金で研究をしているのです。直接、人々や社会の幸福につながるわけではない天文学の研究に、いくらぐらい税金を投入するのが許されるのかは非常に悩ましい問題です。

現在、観測衛星を飛ばしたり、電波望遠鏡を作るなど、本格的な最先端の研究をしようと思えば、だいたい1千億円ほどかかります（私個人の研究はそんな大規模なものではありませんが）。人によって考え方は違うでしょうし、そのときの国の経済状況などにもよりますが、私はこれぐらいが税金を投入して許される限界だと感じています。

これが1兆円かかるとなったら、別のことに使ったほうがいいでしょう。でも、だからといって、天文学への予算をゼロにする必要もない。難しいところですが、バランスをとってやっていくしかないのだと思います。

あるいは、3月11日の地震の直後も、天文学はなんのためにあるのかということを私自身は考えていました。天文学は、瓦礫を除去できるわけでもなく、堤防を作れるわけでもなく、水や食料を配布できるわけでもありません。なにより、被災された方々は、星や宇宙に関心を持つどころではないでしょう。

それなのに、私は宇宙の研究をしている。

果たして、このことに意味はあるのだろうか?

この問いに答えはありません。

ただ、あえて言うならば、天文学が存在し、発展しているということは、それだけ人の心に余裕があり、社会が平和で安定しているということの証明でもあるのです。それは素晴らしい状況だといえるでしょう。逆にいえば、心に余裕があり社会が平和ならば、人は星や宇宙のことに、どうしても関心を持ってしまうものなのだと思います。

今回の地震で被災された方も、いつの日かまた星や宇宙に関心が向くことがあるでしょう。それは、復興したということのひとつの証でもあります。一日でも早くそういう日が訪れることを祈っています。

被災された方だけではなく、多くの人は日々の忙しさに追われ、星や宇宙のことに関心を向ける余裕はなかなかないものでしょう。

だからこそ、この本を例えば、ビジネスマン・ビジネスウーマンの方が出張のさいに新幹線のなかで読んで、ふと日常の忙しさを忘れ、一瞬でも人としての根源的な好奇心を取り戻してもらえれば、これにまさる喜びはありません。

〝我々はどこから来たのか、我々は何者か、我々はどこへ行くのか〟

天文学はそのことについて考える学問なのです。

*

最後になりましたが、この本を作るに当たって編集を担当して下さった浅野智明さんとライターの奈落一騎さんには大変お世話になりました。お二人の取材を通じて、自分自身もまた天文学について考え直すことができ、充実した時間を過ごすことができました。

参考文献

「宇宙論」や「天文シミュレーション」についてさらに知りたいと感じられた読者の方には、以下の参考文献がおすすめできます。

◆宇宙の歴史や最新宇宙像について
村山斉『宇宙は何でできているのか』（幻冬舎新書、2010年）
◆宇宙の物質の進化について、一般向けの解説
マーカス・チャウン『僕らは星のかけら　～原子をつくった魔法の炉を探して～』（糸川洋訳、SB文庫、2005年）
◆宇宙の進化やコンピュータ・シミュレーションについて、やや専門的内容を含む解説
吉田直紀『宇宙137億年解読』（東京大学出版会、2009年）
◆最新の天文学と宇宙論のトピックについて、わかりやすく解説
岡村定矩編『宇宙はどこまでわかったか』（日本評論社、2010年）

また、著者ホームページでもさまざまな情報を提供しています。
http://member.ipmu.jp/naoki.yoshida/book.html

●著者紹介
吉田直紀（よしだ・なおき）
1973年千葉県生まれ。東京大学国際高等研究所数物連携宇宙研究機構特任准教授。東京大学工学部卒業後、ドイツ・ミュンヘン大学大学院修了。ハーバード大学、国立天文台、名古屋大学を経て2008年より現職。専門は観測的宇宙論および宇宙物理学。コンピュータ・シミュレーションにより宇宙の進化や天体の形成過程の解明を目指す。著書に『宇宙137億年解読』（東京大学出版会）。

●編集協力　奈落一騎

宝島社新書

宇宙で最初の星はどうやって生まれたのか
（うちゅうでさいしょのほしはどうやってうまれたのか）

2011年10月22日　第1刷発行

著　者　吉田直紀
発行人　蓮見清一
発行所　株式会社　宝島社
〒102-8388 東京都千代田区一番町25番地
電話：営業　03(3234)4621
　　　編集　03(3239)0400
http;//tkj.jp
振替：00170-1-170829　㈱宝島社
印刷・製本：中央精版印刷株式会社

ISBN 978-4-7966-8310-4